体験する!!

オープンソースハードウェア

NanoPi NEO, Arduino他で楽しむIoT設計

武藤佳恭 著

近代科学社

◆読者の皆さまへ ◆

平素より，小社の出版物をご愛読くださいまして，まことに有り難うございます．

㈱近代科学社は1959年の創立以来，微力ながら出版の立場から科学・工学の発展に寄与すべく尽力してきております．それも，ひとえに皆さまの温かいご支援があってのものと存じ，ここに衷心より御礼申し上げます．

なお，小社では，全出版物に対してHCD（人間中心設計）のコンセプトに基づき，そのユーザビリティを追求しております．本書を通じまして何かお気づきの事柄がございましたら，ぜひ以下の「お問合せ先」までご一報くださいますよう，お願いいたします．

お問合せ先：reader@kindaikagaku.co.jp

なお，本書の制作には，以下が各プロセスに関与いたしました：

・企画：小山　透
・編集：高山哲司，安原悦子
・組版：加藤文明社（LaTeX）
・印刷：加藤文明社
・製本：加藤文明社（PUR）
・資材管理：加藤文明社
・カバー・表紙デザイン：加藤文明社
・広報宣伝・営業：山口幸治，冨高琢磨

はじめに

Wikipedia によると，オープンソースハードウェアとは，“フリーソフトウェアやオープンソースソフトウェアと同じ形態で設計されるコンピュータや電子機器を指す”と説明してあります．オープンソースハードウェアの設計は，まるで新しいことのように思われるかもしれませんが，歴史的にその原点は，80 年ほど前の日本にあると考えられます．

現在は，安価なシリコンチップ全盛の時代です．しかし，トランジスタが発明される 80 年前は，世の中では真空管を使っていました．1932 年，Panasonic（当時は松下電器）を創業した松下幸之助は，天才発明家の安藤博から，真空管の特許を 2 万 500 円で購入し，業界にその特許を無償で提供しました．そのお陰で，真空管ラジオが当時普及したようです．おそらく，この真空管ラジオが世界のオープンソースハードウェアの原点ではないかと思われます．

安価かつ簡単に IoT デバイスが構築できる

最近は，3D プリンターやレーザーカッター/レーザー彫刻マシンが安価に，個人でも購入できるようになりました．これらの装置はまさにオープンソースハードウェアです．オープンソースハードウェアの普及で，自作のプリント基板 (printed circuit board: PCB) が簡単に開発できるようになりました．フリーのソフトウェア (PCBE) を使って PCB 基板を設計し，各レイヤーのファイルを zip ファイルに変換して基板開発会社 (seeedstudio) にアップロードすると，5 cm × 5 cm プリント基板 10 枚が 9.99 ドルで製作できます．

3D プリンター，レーザーカッター，プリント基板開発には共通のオープンソース技術が存在します．その技術は「gcode」と呼ばれ，コンピュータ数値制御 (computer numerical control: CNC) 言語として利用されています．本書の第 1 章では，2D レーザー彫刻マシンを組み立てながら，オープンソースハードウェアを構築する方法を読者に体験してもらいます．

オープンソースハードウェアの代表格と呼べるものに，「Arduino」デバイスがあります．Arduino で開発可能な約 100 円の AVR マイコン「Atmega328」を使うと，さまざまな IoT デバイスが構築できます．計算能力は低いですが，安価な IoT デバイスでコンピュータが構築できるのです．

本書で体験する Arduino 開発環境は，Bash on Ubuntu on Windows（Windows パソコン上に構築する Ubuntu）を使って Arduino デバイスを開発し，Windows 上で Atmega328 に“フラッシュ”します．3D プリンターやレーザー彫刻マシンの多くは，Arduinoデバイスで制御されています．

複雑なIoTデバイスにも挑戦

本書の後半では，オープンソースハードウェアの活用（IoT設計や人工知能の計算）を体験します．オープンソースハードウェアを活用することで，短期間に安価で複雑かつインテリジェントなシステムが構築できます．本書では，オープンソースハードウェアのもう一つの代表格と言える「Raspberry Pi」の高性能機種「NanoPi NEO」取り上げます．

Raspberry Piは，2012年2月のデビュー以来，800万台以上が世界中で販売されています．もともと教育用の教材だったRaspbery Piは，教育以外にもビジネス用途として活用されています．2015年に発売された5ドルのオープンソースCPUボード「Pi Zero」は，1 GHz，32ビットARM11のCPU (Broadcom BCM2835)に加えて，512 MBのSDRAM, GPU, USB 2.0, Video入力/出力，周辺インターフェースとして40ピンのGPIO以外にi2c，SPI, UARTなどの機能を持ちます．Pi Zeroボードは少なくとも6億個以上のトランジスタから成り立つとされています．そんなRaspberry Pi Zeroよりもさらに高性能な「NanoPi NEO」ボードが約8ドルで売られています．

本書の第5章では，そのNanoPi NEOを使って，これぞIoTと呼べるデバイスを構築します．インターネットへのアクセスとしては，Sigfox (low power wide area network: LPWAN)とLTEの二つを紹介します．また，NanoPi NEOを使って人工知能の計算を体験します．

以下，本書で体験する設計事例の一部（順不同）をざっと眺めると，2Dレーザー彫刻マシン，ドローンで使われている制御用センサー（3D加速度センサー，3Dジャイロセンサー，3D磁気センサー，気圧センサー），LPWAN (low power wide area network)やLTEを活用したIoT，microSDカードを用いたデータロガー，赤外線で制御するIoT，BME280を用いた最新気象センサー，人工知能（機械学習）の計算や数独自動回答サーバの構築（いずれもNanoPi NEOを使用）などです．

また，インターネットから情報収集するためのオープンソース技術（インターネット検索エンジン，Twitter）なども体験します．

センサーやアクチュエーターへのインターフェースとして，i2cバス，SPI, GPIO，UARTなどの活用も体験します．

2017年4月
武藤佳恭

目　次

第2章　電子回路の基礎を体験

第3章　IoT 設計を体験

第4章 インターネットからの自動情報収集を体験

第5章 NanoPi NEO を体験

本書をお読みになる前に

・本書で紹介するソフトウェアのダウンロード，インストール，実行等は，読者のみなさまの自己責任で行っていただくようお願いいたします．これらの操作で生じたいかなるトラブルに対しても，著者ならびに㈱近代科学社は一切の責任を負いかねます．

・本書で紹介する製品（電子回路など）の内容・構成，機能，価格等は，執筆当時のものです．購入の前に，よく確認することをお勧めします．

あらかじめ，ご了承ください．

第1章

オープンソースハードウェアの構築を体験！

本章では，2D レーザー彫刻マシンの組立てをとおしてオープンソースハードウェア構築の過程を解説します．このマシンに興味のない読者も，ひととおり本章に目を通し，マシンを動かすためのソフトウェアの設定の仕方などを確認しましょう．

1.1　2D レーザー彫刻マシンの組立てで追体験する

1.1.1　予算 70 ドルでマシンを探す

読者諸氏に，オープンソースハードウェアの恩恵を体験してもらうために，いきなりですが，2D レーザー彫刻マシンを購入し，キットを組み立て，オープンソースソフトウェアを準備して木材の彫刻を行ってみます．約 70 ドル [1] の予算で，本格的に利用できる 2D レーザー彫刻マシンが実現できます．木材以外に，ABS 樹脂などの彫刻もできます．

まず，2D レーザー彫刻マシンのキットをインターネットから探し出して，購入してみましょう．目標は 70 ドル以下のキットです．

次の検索語でネット検索し，70 ドル以下で購入できる 2D レーザー彫刻マシンの販売サイトを見つけてください．

cnc kits laser engraving machine $68.00 site:aliexpress.com [2]

または，

mini laser engraving machine diy kits aliexpress

または，

micro laser engraving machine diy kits

[1] 米国ドル．以降も同じ意味で用いています．

[2] 以降，検索語，サイトの URL，プログラムのコマンドなどは網掛け表示をしています．役立つサイトの URL やプログラムなどは近代科学社のサイトに掲載する予定です．

70 ドル以下の 2D レーザー彫刻マシンキットが探せると思います．売り切れ近くになると値上がりし，100 ドル以上になることもあります．毎日検索し，数日待つと，必ず 70 ドル以下のキットが見つけられます．

2017 年 5 月 31 日の時点では，次のサイトが送料を含めて，70 ドル以下で販売しています．

https://www.aliexpress.com/item/micro-mini-laser-engraving-machine-diy-kits-laser-CNC-diy-kits/32616470826.html

1.1.2　組立て方法

このキット [3] には，レーザー彫刻マシン本体の 7 枚の板，300 mW のレーザーモジュール，2 個のスライドモーター，レーザーモジュールと 2 個の制御装置（スライドモーターを制御），USB ケーブル，AC 電源などが含まれています．彫刻できる大きさは最大 46 mm×46 mm です．

組立てが簡単にできるように，七つの板に番号を付与しました（図 1.1 参照）．2D レーザー彫刻キットの組立てには，超強力両面テープ [4] とガムテープが必要です．

[3] これ以外のキットでも，おおよそこのような本体構成とみられますが，購入する際に内容をよく確認してください．

[4] 300 円ぐらいの超強力両面テープまたは VHB テープを DIY ハードウェアショップかインターネットなどから購入しましょう．

1. 4 番が下板，7 番が上板になります．2 本の溝が彫ってあるので方向を合わせます．3 番と 6 番が横板，1 番が正面の板になります．背面の板が

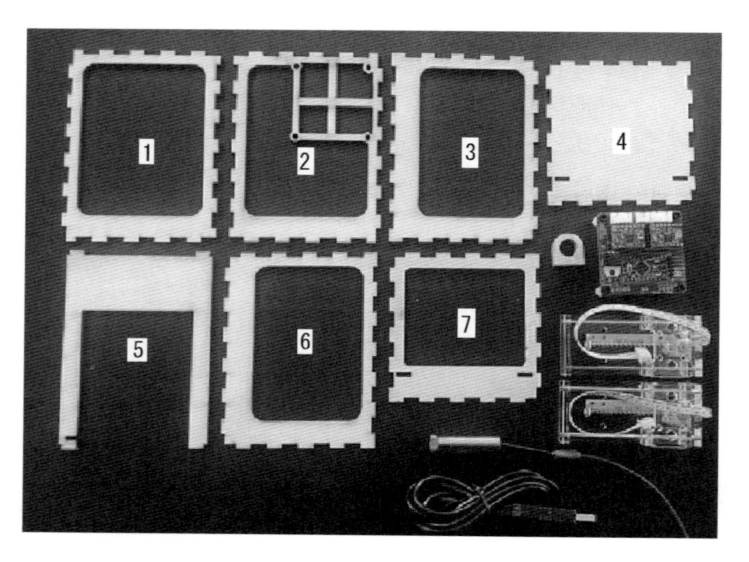

図 1.1　2D レーザー彫刻キット

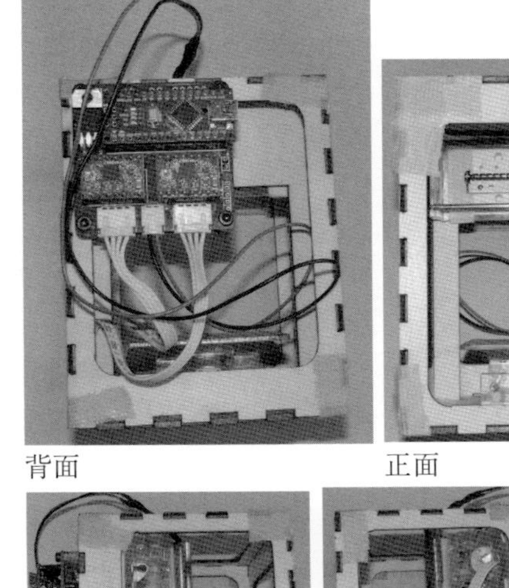

背面

正面

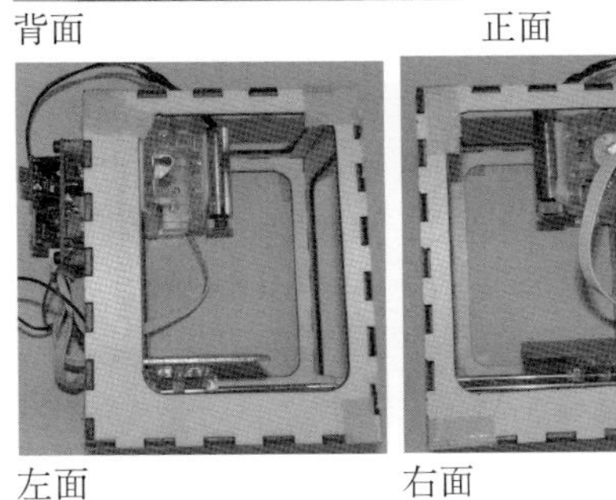

左面

右面

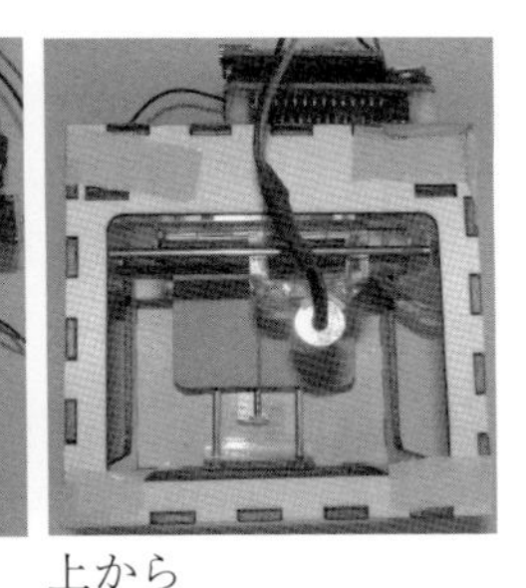

上から

図 **1.2**　2D レーザーキット完成図

2 番，5 番の板が背面手前の板になります．ガムテープで板を固定しながら，7 枚の板を組み立てます．

2. 下板にスライドモーターを両面テープで固定します．背面手前板 5 番に，もう一つのスライドモーターを固定します．
3. 背面 2 番の板に，制御装置をねじ止めします．
4. 両面テープで，上のスライドモーターにレーザーモジュールを固定します．二つのスライドモーターは直交する位置に固定します．

図 1.2 に，完成した 2D レーザー彫刻マシンを示します．

1.1.3　マシンを動かすためのソフトウェア

キットの組立てが完成したら，パソコンに，三つのソフトウェアをインストールします．これらはマシンを動かすのに必要なものです．一つ目は，レーザー彫刻マシンを認識するためのデバイスドライバです．二つ目は，画像から gcode [5] を生成するソフトウェアです．三つ目は，生成された gcode ファイルをパソコンからレーザーマシンに送り込むソフトウェアです．

最初にデバイスドライバのサイトを紹介します．次のサイトからデバイスドライバ（ch341ser.zip）ファイルをダウンロードします．

```
https://docs.google.com/file/d/0B-mqOQablplXa1c1WVlCOEZTU00/
edit?pref=2&pli=1
```

ダウンロードした ch341ser.zip ファイルを以下の unzip [6] コマンド [7] で解凍して，setup.exe ファイルをダブルクリックします．

```
$ unzip ch341ser.zip
```

これで自動的に，パソコンにデバイスドライバ（ch341ser）がインストールされます．

次に，gcode ファイルをレーザーマシンに送り込むソフトウェアを，下記サイトからダウンロードします．

```
https://github.com/winder/builds/raw/master/UniversalGCodeSender/
UniversalGcodeSender-v1.0.9.zip
```

ちなみに，ダウンロードするコマンドを使う場合は以下のように打ち込みます（実際には改行せずに打ち込んでください）．

```
$wget https://github.com/winder/builds/raw/master/
UniversalGCodeSender/UniversalGcodeSender-v1.0.9.zip
```

同様に unzip して，必要なファイル（UniversalGcodeSender.jar）を取り出します．UniversalGcodeSender.jar 以外のファイルは，削除しても問題ありません．

```
$ unzip UniversalGcodeSender-v1.0.9.zip
```

次に，Cygwin [8] をインストールします．Cygwin をインストールするには，下記サイトから，setup-x86_64.exe ファイルをダウンロードし，ダブルクリックしてインストールします．

```
http://cygwin.com/setup-x86_64.exe
```

Windows にインストールするための Cygwin 用のアイテムおよびコマンド

[5] gcode はコンピュータ数値制御言語（NC 言語）のことで工作機械の運動制御のために必要です．1.5 節に一覧を載せています．

[6] unzip するには，解凍ソフトウェアが必要です．解凍ソフトウェアをネット検索して，Windows にインストールしておきましょう．Explzh がよいかもしれません．

[7] コマンドについての説明は，以下で行います．

[8] Cygwin は UNIX 的環境を Windows 上に構築するためのソフトウェアです．

は，次の七つです．

- nano（一番単純なテキストエディタ）
- vi（マクロコマンドが使えるテキストエディタ）
- openssh（パソコンから遠隔ログインできるソフトウェア[9)]）
- wget（ファイルをダウンロードするコマンド）
- git（複数のフォルダやファイルをダウンロードするコマンド）
- tar（tar 形式ファイルの圧縮・解凍用コマンド）
- unzip（zip 形式ファイルを解凍するコマンド）

9) ssh 接続するためのコマンドが必要です．

nano エディタか vi エディタで，次の行を.bashrc ファイルに挿入します．

```
take='http://web.sfc.keio.ac.jp/~takefuji'
$ nano .bashrc
```

または，

```
$ vi .bashrc
```

先ほどの行の挿入が正しくできたかどうか，次のコマンドで確認します．

```
$ source .bashrc
$ echo $take
http://web.sfc.keio.ac.jp/~takefuji
```

先ほどの行が表示されたら，次の設定を実行します．

```
$ nano .bashrc
```

次の 1 行を挿入します．

```
alias laser='java -jar -Xmx256m UniversalGcodeSender.jar'
```

次の source コマンドで，OS に.bashrc の変更を認識させます．

```
$ source .bashrc
```

Java をインストールするには，64 ビット Windows OS では，下記サイトから jre-8u101-windows-x64.exe ファイルをダウンロードします．

```
http://javadl.oracle.com/webapps/download/AutoDL?BundleId=211999
```

ダウンロードしたファイルをダブルクリックすると，Java がインストールされます．

ここで，下記サイトから，gcode ファイルをダウンロードします．次のコマンドで，ディレクトリのルートに移動します．

```
$ cd /cygdrive/c
```

GCode フォルダを作成します．

```
$ mkdir GCode
```

GCode に移動します．

```
$ cd GCode
```

heno.gcode ファイルをダウンロードします．

```
$ wget $take/heno.gcode
```

レーザーへの GcodeSender ソフトウェア (UniversalGcodeSender.jar) を起動すると，図 1.3 に示す POP 画面が表示されます．

```
$ laser
```

正しいポート番号を選びます．Cortana に device と入力すると，デバイス

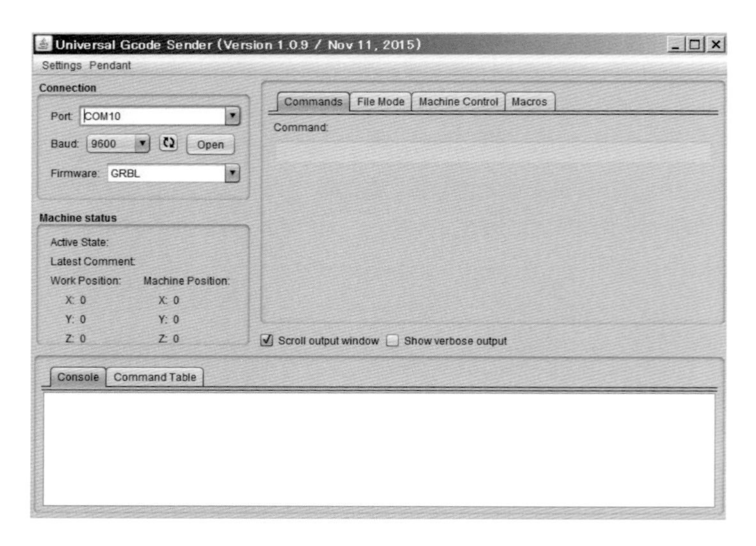

図 1.3　UniversalGcodeSender.jar 起動画面

マネージャーが現れます．デバイスマネージャーを起動し，ポート (COM と LPT) を開くと，「USB-SERIAL CH340」の番号がレーザーマシンのポート番号になります．

［Open］ボタンをクリックすると，Console 画面に以下の文字が表示されます．COMXX の XX がポート番号になります．

```
**** Connected to COMXX @ 9600 baud ****
```

［File Mode］をクリックし，［Browser］ボタンでレーザー彫刻ファイルを選択します．ここでは，heno.gcode ファイルを選択してください．

1.1.4　2D レーザー彫刻マシンを動かす

彫刻するための木板を準備しましょう．装置の中央に木板を置き，レーザー制御装置に電源を接続します．［Send］ボタンを押すと，レーザーの彫刻が始まります．

防護ゴーグルをかけて，目を保護してください．レーザーでお絵描きが終わったら，彫刻マシンの電源を抜きましょう．

図 1.4 にレーザーお絵描きの結果を示します．図 1.5 は，Inkscape エディタで作ったオリジナル画像と，その画像を水平反転したものです．今回は，水平反転した画像をレーザーで描きました．図 1.6 に，組み立てたレーザーマシンの彫刻の様子を示します．

図 1.4　レーザーでお絵描きの結果

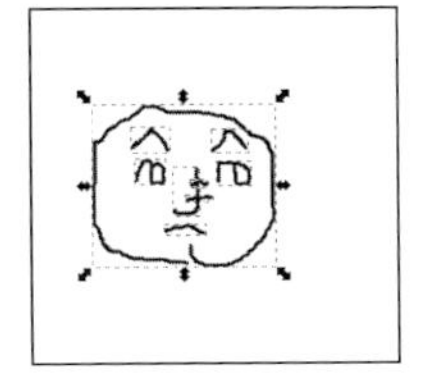

図 1.5　Inkscape で作成した画像と水平反転した画像

図 1.6　組み立てたレーザーマシンの彫刻の様子

1.2　開発環境の構築

さまざまなモノがインターネットを介してつながる IoT (Internet of Things) の世界では，本書で説明する Arduino 開発環境が活躍します．Arduino は超小型のオープンソースハードウェアで，非常に安価に（うまくいけば，後述する Atmega328 は 100 円ぐらいで）Arduino デバイスが構築できます [10]．

[10] AliExpress か eBay において，執筆の時点で，1 個 0.99 ドルです（送料込み）．基板付きでも，1 個 0.99 ドルです．

Arduino 開発環境では，マイクロコントローラと呼ばれる Atmega328 などの 8 ビットマシンを構築するのに便利なツールを供給しています．たとえば，最新のセンサーを使って測定し，そのデータをインターネット経由でクラウドにアップロードするといったことが，簡単に実現できます．

多くのセンサーは，正式には **I²C** バス（本書では i2c または i2c バスと記述します），**SPI** インターフェイス，**UART** シリアルインターフェイス，**GPIO** (General Purpose Input/Output：汎用入出力）を使いますが，マイクロコントローラ (Atmega328) に備わっているハードウェア機能とオープンソースソフトウェアで，簡単にセンサーにアクセスでき，センサーチップの測定データを取り出すことが可能です．

Atmega328は，プログラムを書き込むための不揮発性フラッシュメモリ(32kキロバイトの大きさ)，プログラム用の揮発性SRAMメモリ（2kキロバイト)，14本のGPIO,一つのi2cバス，一つのSPI,一つのUART，6本のアナログ入力があります．Atmega328には，不揮発性メモリEEPROM（1kキロバイト）もあります．

さて本書では，二つの開発環境を構築します．一つ目は，Windows10上に構築する開発環境，二つ目は64ビットWindows10上に構築するUbuntu OS上での開発環境(Bash on Ubuntu on Windows)です．

この二つにはそれぞれに得意・不得意の領域があります．Arduino開発環境に関しては，Ubuntuのほうが複雑なシステムを簡単に開発できます．Ubuntu開発環境では，xxx.inoファイルから最終的にファームウェア(xxx.hex)ファイルを生成します．Atmega328へのファームウェアファイルの書き込みは，Windowsからのほうが便利です．UbuntuのGUIは発展途上にあるため，今回はターミナルモードだけを利用します．

本書では，WindowsとUbuntu，それぞれの良いところを最大限に生かした開発環境でIoTデバイスを開発します．

1.2.1 Windows開発環境の設定

Windows開発環境の設定にはまず，Cygwin（1.1節の説明を参照）をインストールします．次に，下記サイトからck-3.6.4.zipをダウンロードします．

http://www.geocities.jp/meir000/ck/ck-3.6.4.zip
または，
http://web.sfc.keio.ac.jp/~takefuji/ck-3.6.4.zip

ck-3.6.4.zipをunzipすると，四つのファイルが生成されます．このうちの三つのファイル「ck.exe」，「ck.con.exe」，「ck.app.dll」をc:¥cygwin¥binのフォルダに移動させます．もう一つの「.ck.config.js」ファイルは，c:¥cygwin¥home¥XXXフォルダに移動させます．ここで，XXXはパソコンのユーザー名です．ck-3.6.4を導入すると，cygwinのターミナルで，日本語の表示と入力（Shift_JIS，EUC-JP，UTF-8）ができるようになります．

先ほど，c:¥cygwin¥binフォルダに入れたck.exeファイルを右クリックし，ショートカットを作成して，デスクトップに移動させます．

ショートカットの名前をckに変更し，右クリックするとプロパティの画面が表示されます．リンク先(T)：に，C:¥cygwin¥bin¥ck.exe -g 70x43+1050+0 と，入力します．「70x43」は Cygwin ターミナルの大きさのことで，横:70×縦:43 という意味です．適宜，変更してください．「+1050+0」は Cygwin ターミナルの位置です．画面の右側に表示するようにしました．

.ck.config.js ファイルの中の記述を，Config.window.font_size=11; に変更すると font サイズ 11 に変更できます．

また，.ck.config.js ファイルの，

```
Config.window.color_foreground,
Config.window.color_background,
Config.window.color_selection,
Config.window.color_cursor
```

を適宜変更して，Cygwin の画面を見やすくしてください．

.bashrc ファイルにさまざまな設定を行えるので，Cygwin 開発環境は非常に役立ちます．

.bashrc ファイルの先頭に，nano エディタか vi エディタを用いて，下の 1 行を挿入します．

```
take='http://web.sfc.keio.ac.jp/~takefuji'
```

.bashrc ファイルの先頭に，下の 1 行を挿入します．

```
cd /home/XXX
```
※ XXX はパソコンのユーザー名

先ほどのショートカット ck をダブルクリックして，Cygwin を起動させると，$マークのプロンプトターミナル画面が表示されます．ここで，[pwd Enter] キーを押します．

```
$ pwd
/home/XXX
```
※ XXX はパソコンのユーザー名

先ほどの 1 行を Cygwin に認識させるために，次の source コマンドを実行します．

```
$ source .bashrc
```

次に echo コマンドを実行します．先ほどの http://... が表示されたら，問

題ありません.

```
$ echo $take
http://web.sfc.keio.ac.jp/~takefuji
```

次に，Atmega328 に書き込むソフトウェアをダウンロードします.

```
$ wget $take/avrdudeGUI.zip
```

デスクトップに avrdudeGUI.zip ファイルを移動させ，unzip しておきます．avrdudeGUI フォルダが生成されます.

(1) プログラムライタの取り付け

次に，プログラムライタのブレッドボードに Atmega328P を差し込みます．プログラムライタの製作については，この 1.2.1 項の (2) で説明します．パソコンとプログラムライタを USB 接続し，avrdudeGUI の avrdude-GUI.exe をダブルクリックすると，図 1.7 に示す画面が立ち上がります.

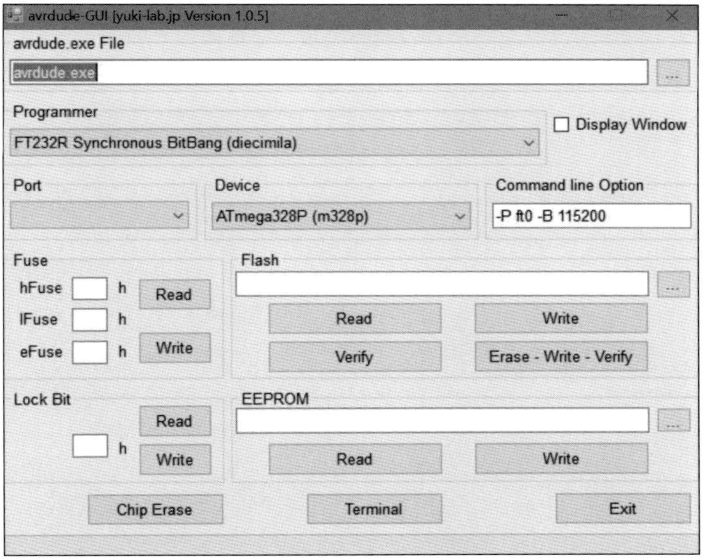

図 1.7 avrdudeGUI の操作画面

avrdudeGUI では，次の操作を行います．

1. 「Programmer」では，［FT232R Synchronous BitBang (diecimila)］を選びます．
2. 「Device」では，［Atmega328P］を選びます．
3. 「Command line Option」では，　Fuse を書き込む場合，［-P ft0 -B 9600］と入力します．Flash する場合は，［-P ft0 -B 115200］と入力してください．
4. 「Fuse」では，［Read］ボタンのクリックで，Fuse を読みます．
5. 「Fuse」では，書き込む場合，hFuse, lFuse，eFuse に 16 進数で書き込んでから，［Write］ボタンのクリックで Fuse の書き込みをします．Fuse 書き込みでは，9600 ボー (baud) のスピードに指定してください．
6. 「Flash」では，右側にあるボタンを押し，参照する xxx.hex ファイルを指定します．Flash の書き込みでは，［Erase-Write-Verify］ボタンをクリックします．

(2) プログラムライタの製作

昔に比べて，プログラムライタの製作は楽になりました．ハンダ付けなしで，速ければ 30 分ほどで完成します．必要な部品は，ブレッドボード，FT232RL，0.65 mm の単線 (2 m)，セラミック発振子（セラロック）8 MHz などです．工作道具としては，ストリッパー (0.8 mm) が必要です．Amazon などから 500 円以下で購入できます．ストリッパー (0.6 mm) の場合は，単線を切断しますので，被覆には 0.8 mm の穴を使ってください．0.65 mm の単線は，タイガー無線などから購入できます [11]．

11) 1 m 当り 50 円程度です．

FT232RL，セラミック発振子，ブレッドボードは，Amazon や秋月電子通商などから購入できます．

http://akizukidenshi.com/catalog/g/gK-01977/
http://akizukidenshi.com/catalog/g/gP-00153/
http://akizukidenshi.com/catalog/g/gP-05294/

USB ケーブル（ミニ USB）は，次のサイトから購入できます．

http://akizukidenshi.com/catalog/g/gC-07606/

プログラムライタは，23 本の結線で完成します（図 1.8）．単線の皮膜をス

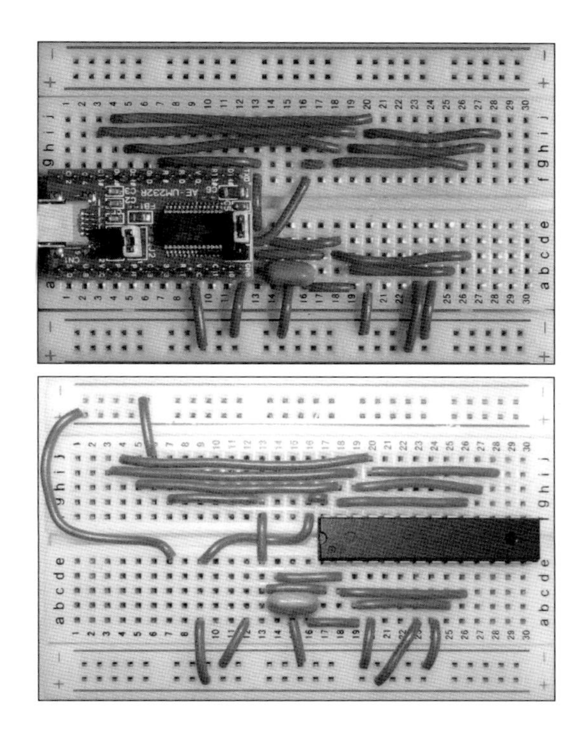

図 1.8 プログラムライタ

※下の画像は FT232RL で見えなくなる部分の配線を明示するために作成したもの．23 本の配線が確認できる．

トリップする場合，ブレッドボードの厚みと同じ長さの皮膜をはいでください．はがす皮膜の長さは，たいへん重要です．長すぎても短すぎても結線には良くありません．むき出しの銅線が長すぎると，隣の穴の銅線と接触します．逆に，銅線が短すぎると接触不良を起こします．

注意事項

1. b-14-15-16 の穴にセラミック発振子を挿します．
2. 被覆した銅線の長さは，ブレッドボードの厚みにしてください．
3. FT232RL は，ブレッドボードにしっかり挿してください．
4. 無駄なく結線するためには，単線の片方をストリップして，単線の長さを測ってからもう片方をストリップすると，無駄なく結線できます．

1.2.2　Ubuntu 開発環境の設定

Microsoft 社は，Windows10 から Ubuntu 環境を提供するようになりました．“Windows 10 Anniversary Update”をインストールすると，意外と簡単に Ubuntu をインストールできます．したがって，VMware をインストールする必要もありませんし，実行スピードが格段に向上します．Windows 10 Anniversary Update をインストールするためには，下記の方法を試してください．

1. Cortana で，update と入力すると更新の画面が現れます．［詳細情報］をクリックすると，“Windows10 Anniversary Update 入手”の画面が現れるので，クリックし，ダウンロードして，インストールします [12]．あるいは，“Anniversary Update”というキーワードでネット検索すると，microsoft.com のサイトの画面が現れます．
2. Cortana で，developer と入力すると，検索結果の欄に「開発者向け機能を使う」という項目が現れるので，［開発者モード］を選択します．
3. Cortana に，windows features と入力すると，Windows の機能の有効化または無効化の画面が現れます．
4. Windows の機能の有効化画面で，［SMB1.0/CFS］，［Windows PowerShell2.0］，［Windows Subsystem for Linux(Beta)］の三つのボタンを選択して OK ボタンを押します（図 1.9 参照）．
5. Windows を再起動します．
6. Cortana に，Bash と入力すると，Bash on Ubuntu on Windows と表示されるので，そのアイコンをクリックします．
7. Bash の画面が表示されたら，y と入力すれば，ファイルのダウンロードが始まり，Ubuntu の自動インストールが始まります．しばらくするとインストールは自動的に完了します．
8. もう一度，Cortana に Bash と入力して，クリックすると Bash 画面が現れます．
9. Bash の画面で，lsb_release -a と入力してみましょう．Ubuntu のバージョン情報を表示します．

$ sudo su と入力すると，スーパーユーザになります．パスワードを要求される場合は，パソコンのパスワードを入力してください．あとは，必要なライブラリを下記コマンドでインストールしていきます．スーパーユーザにな

[12] 現れない場合は，すでにインストールされていると考えられます．

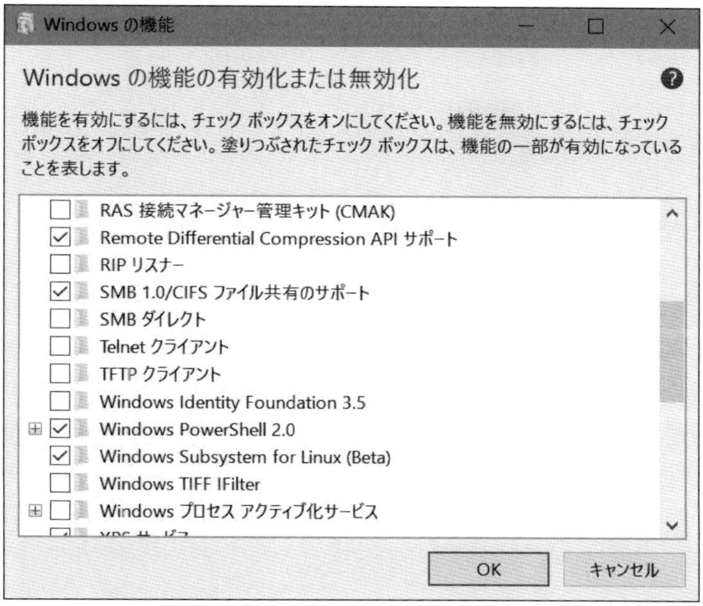

図 **1.9** Windows10 に Ubuntu をインストール

るとプロンプトが$マークから#マークに変わります.

次に，pip コマンドをインストールします.

```
# apt install python-pip
```

pip コマンドを upgrade します.

```
# pip install –upgrade pip
```

python-pandas ライブラリをインストールします.

```
# apt install python-pandas
```

機械学習のライブラリ (python-sklearn) をインストールします.

```
# apt install python-sklearn
```

次のコマンドで，システムを update，upgrade します.

```
# apt update
# apt upgrade
```

nano エディタを用いて，次のテキストを入力し，セーブします (ctrl-o, enter, ctrl-x).

```
$ nano .bashrc
take='http://web.sfc.keio.ac.jp/~takefuji'
```

$ echo $take と入力すると，先ほど入力したテキストが表示されます．次のコマンドで，アイスクリームのデータをダウンロードしておきます．

```
$ wget $take/ice.csv
```

Cygwin ターミナルから，次の exe ファイルをダウンロードします．

```
$ wget https://sourceforge.net/projects/xming/files/Xming-fonts/7.7.0.10
/Xming-fonts-7-7-0-10-setup.exe
```

一般に，ライブラリ xxx は次のコマンドでインストールします．

```
# apt install xxx
```

また，最新の Python ライブラリ xxx を pip コマンドで，インストールできます．

```
# pip install –upgrade xxx
```

ライブラリの名前がわからない場合は，次のコマンドでライブラリ名を表示できます．

```
# apt search xxx
# pip search xxx
```

インストールしたライブラリを uninstall するには，次のコマンドを実行します．

```
# apt-get purge xxx
# pip uninstall xxx
```

古くて必要のないライブラリを自動的に削除するには次のコマンドを実行します．

```
# apt-get autoremove
```

インストールしたライブラリの矛盾を正すには次のコマンドを実行します.

```
# apt-get install -f
```

xxx ライブラリがインストールされているかどうか確認するには，次のコマンドを実行します.

```
# dpkg -l | grep xxx
# pip list | grep xxx
```

1.3 オープンソースソフトウェアのインストール

本節では，必要なオープンソースソフトウェアの探し方について述べます. 読み飛ばしてもかまいませんが，検索の「技」と「思考」を駆使した，いわば“ハッキングの極意”と呼べるものです.

1.1 節の例で説明しましょう. この節では，レーザー彫刻マシンを構築し，試しに heno.gcode ファイルの絵をレーザーで描いてみました. よくわからないマシンをハッキングするには，いろいろな方向から攻めていかなくてはいけません. レーザーマシンでは，次の二つの疑問を解決する必要があります.

1. このレーザー彫刻マシンとパソコンとの通信を行うために，どのデバイスドライバをインストールしたらよいのか？
2. どうやって，レーザー彫刻マシンをコントロールして，レーザマシンで絵を描くのか？

では，どうやって，必要なオープンソースを探し出し，ソフトウェアを構築したのか，具体的な検索語を含めて，検索の詳細なプロセスを解説します.

レーザーマシン購入のサイトには，“Lite Fire Laser” というソフトウェアを購入するように書いてありました. “Lite Fire Laser” と Windows driver をネット検索すると，「CH341」というキーワードにたどり着きます.

次に，CH341 driver for windows をネット検索しところ，次のサイトを見つけることができます.

http://0xcf.com/2015/03/13/chinese-arduinos-with-ch340-ch341-serial-usb-chip-on-os-x-yosemite/

ここで，Windows のドライバを選ぶと，CH341SER.zip ファイルをダウンロードできます．この CH341SER.zip ファイルを unzip してインストールします．

次のコマンドでも，CH341SER.zip をダウンロードできます．

```
$ wget $take/CH341SER.zip
```

unzip して，ドライバをインストールします．

“風が吹けば桶屋が儲かる”と同じような論理展開をまとめると，図 1.10 のようになります．

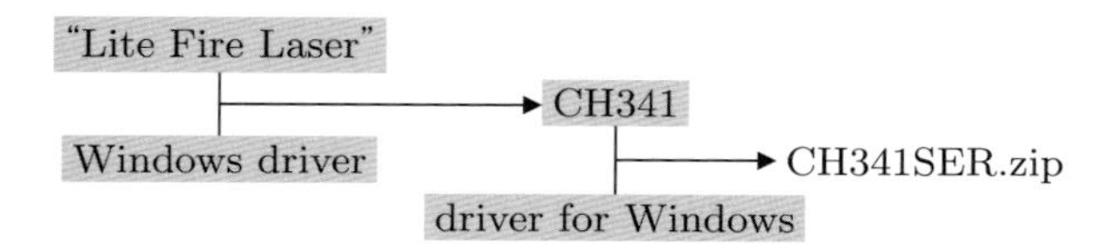

図 1.10　ハッキングによる論理展開　その 1

上記の二つの疑問を解決するためにも，まず，パソコンとレーザーマシンとを USB 接続してみます．新しい情報を得る作戦です．

シリアル接続するため，picocom コマンドをインストールします．Cygwin ターミナルを起動して，次のコマンドを実行します．

```
$ git it clone https://github.com/npat-efault/picocom
$ cd picocom
$ make
$ mv picocom.exe /bin
$ cd
```

レーザーマシンのポート番号を調べます．Cortana に device と入力すると，CH341 のポート番号がわかります．著者のパソコンでは，com10 でした．ポート番号から 1 を引くと，ttyS9 になります．

picocom を終了するには，「ctrl-a+ctrl-x」と押します．そして，次のように展開していきます．

```
$ picocom.exe -b 9600 /dev/ttyS9
picocom v2.2a
```

port is : /dev/ttyS9
...
Terminal ready
Grbl 0.8c ['$' for help]

レーザーマシンから送信された,「Grbl 0.8c」という情報が入手できました. さらに, Grbl と "Lite Fire Laser" の二つのキーワードで検索すると, Inkscape の重要な情報にたどり着きました. すなわち, "Lite Fire Laser" は有料ソフトウェアですが, 無料の Inkscape [13] でも同様にエディットできることが記述されていたのです. 早速, Inkscape をダウンロードして, インストールします.

Grbl Inkscape のキーワードでネット検索すると,「plug-in」と「gcode」の二つのキーワードにたどり着きました. つまり, Inkscape に plug-in を入れると, レーザーマシンに供給できる gcode を生成できることがわかったのです.

[13] ドローイング用の無料ソフトウェア. ベクトル画像が作成できます.

Inkscape plug-in で検索すると, 次のサイトにたどり着きます.

http://www.jtechphotonics.com/Downloads/Inkscape/JTP_Laser_Tool_V1_7.zip

上のサイトから, JTP_Laser_Tool_V1_7.zip ファイルをダウンロードし, unzip して, 四つのファイルを inkscape¥share¥extensions フォルダにドラッグします.

今までの, 重要なキーワードにたどり着くまでの検索のプロセスをまとめると図 1.11 のようになります.

結論として, Windows ドライバは CH341SER.zip からインストールします. そして, Inkscape エディタに JTP_Laser_Tool_V1_7.zip の plug-in を挿入します.

grbl, gcode, sender の三つのキーワードでネット検索すると, 下記サイトの G-code-sender にたどり着きます (図 1.12).

https://github.com/winder/Universal-G-Code-Sender

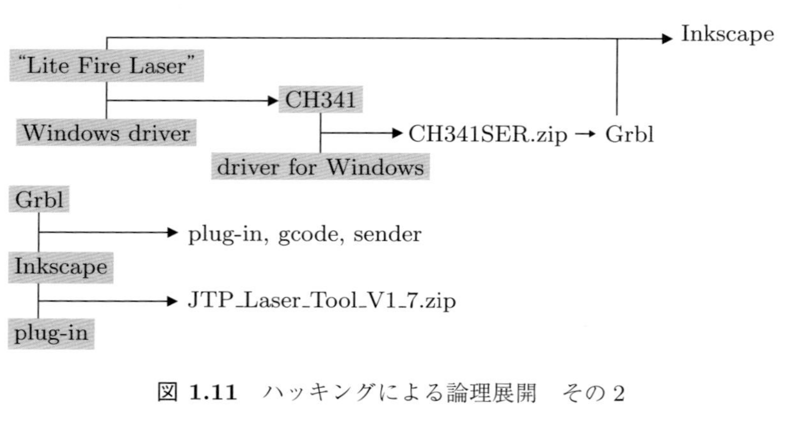

図 **1.11** ハッキングによる論理展開 その 2

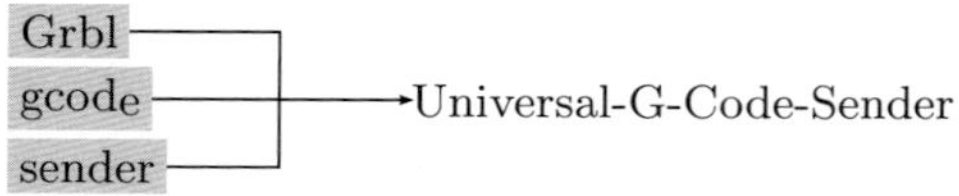

図 **1.12** ハッキングによる論理展開 その 3

https://github.com/winder/Universal-G-Code-Sender のサイトから下記ファイルをダウンロードできます．
UniversalGcodeSender-v1.0.9.zip

unzip して UniversalGcodeSender.jar ファイルを取り出します．
.bashrc ファイルに，下の 1 行を挿入します．

```
alias laser='java -jar -Xmx256m UniversalGcodeSender.jar'
```

Java を Windows にインストールするには，以下のサイトから jre-8u101-windows-x64.exe ファイルをダウンロードし，インストールします．
http://javadl.oracle.com/webapps/download/AutoDL?BundleId=211999

1.4 レーザーマシンでお絵描き

ここでは，レーザーマシンを使って二つのお絵描き例を示します．一つは，文字列のお絵描きで，文字列からパスを生成します．一文字一文字の輪郭を生成して，レーザーが一筆書きでお絵描きします．二つ目の例は，写真から鉛筆のお絵描き図（人工知能ソフトウェア自動変換）を生成し，ビットマップのトレースモードで，gcode を生成します．

1.4.1　文字のお絵描き

Inkscape を起動して，ファイルメニューにあるドキュメントのプロパティをクリックします (図1.13)．このメニューで，お絵描きの範囲を定義します．

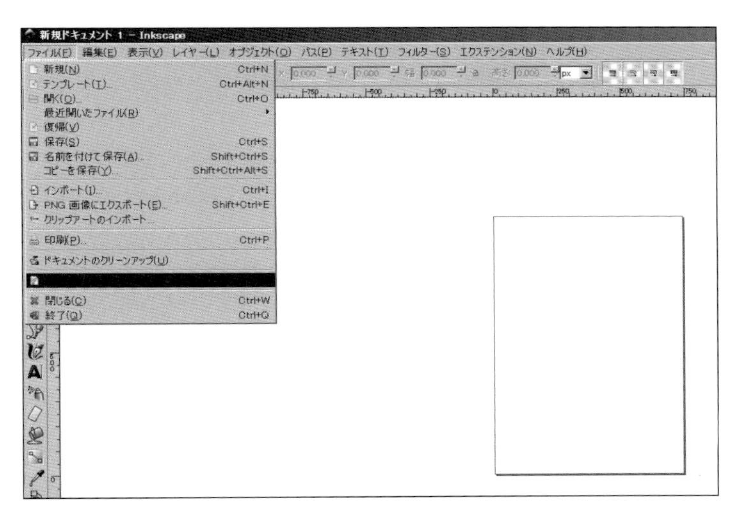

図 1.13　ドキュメントのプロパティで範囲を設定

次に設定画面のカスタムサイズで，幅を 30.0 mm，高さを 30.0 mm に変更します（図 1.14)．ズームツール（+で拡大，－で縮小）でお絵描き範囲を拡大縮小します．テキストツールで，文字を入力できます．

印鑑やはんこを作る場合は，図 1.15 のように文字を水平に反転させる必要はありません．それ以外では、図 1.16 のように反転させます．

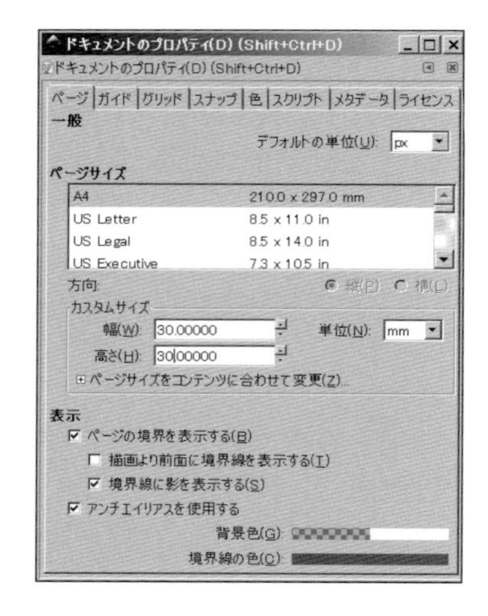

図 **1.14**　カスタムサイズの設定

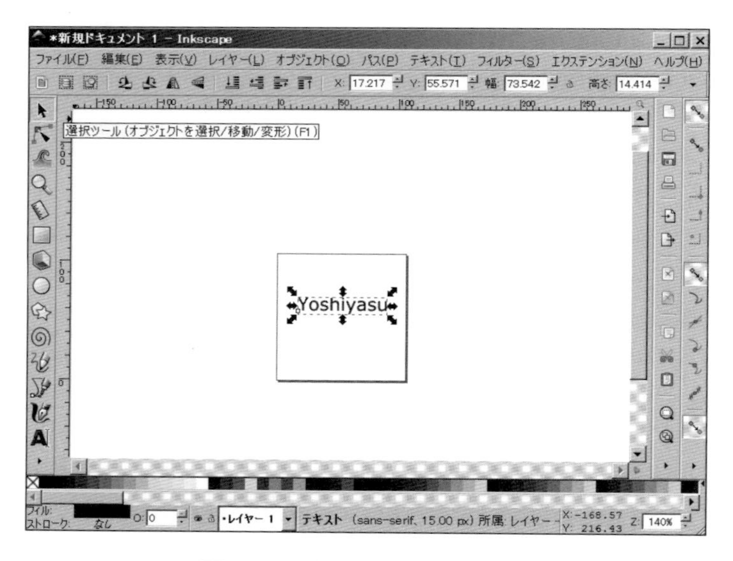

図 **1.15**　文字入力 (Yoshiyasu)

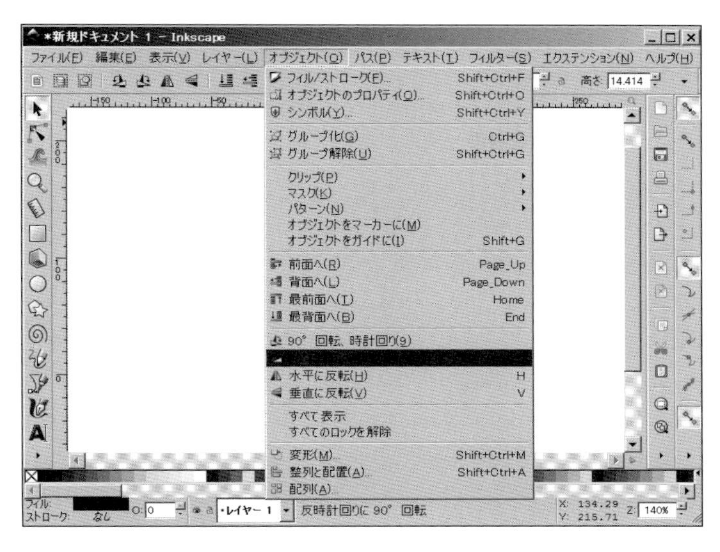

図 1.16 文字を水平に反転します.

図 1.17 に示すように,［オブジェクトをパスへ］をクリックし，オブジェクト（文字列）をパスに変換をします.

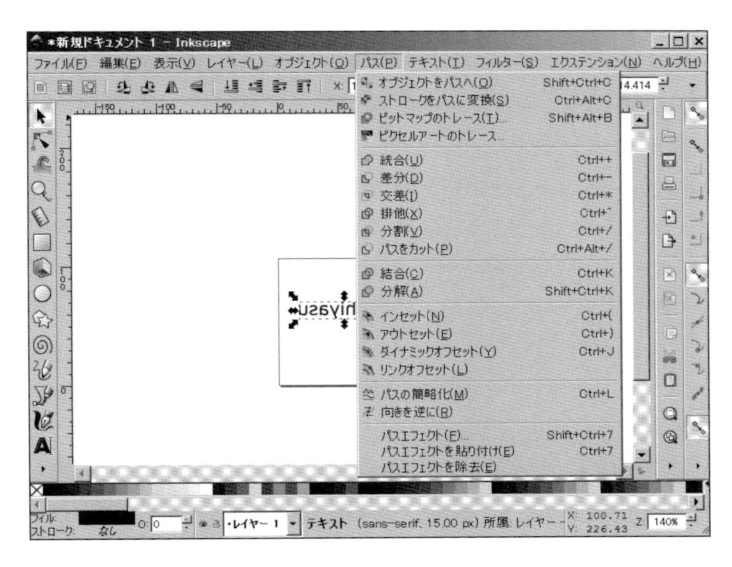

図 1.17 オブジェクトをパスへ

図 1.18 に示すように，[Generate Laser Gcode] をクリックします．図 1.19 では，生成する gcode のファイル名とディレクトリ名を記述します．ディレクトリ名は c:\GCode，ファイル名は yoshi.gcode にしました．

図 **1.18**　Generate Laser Gcode

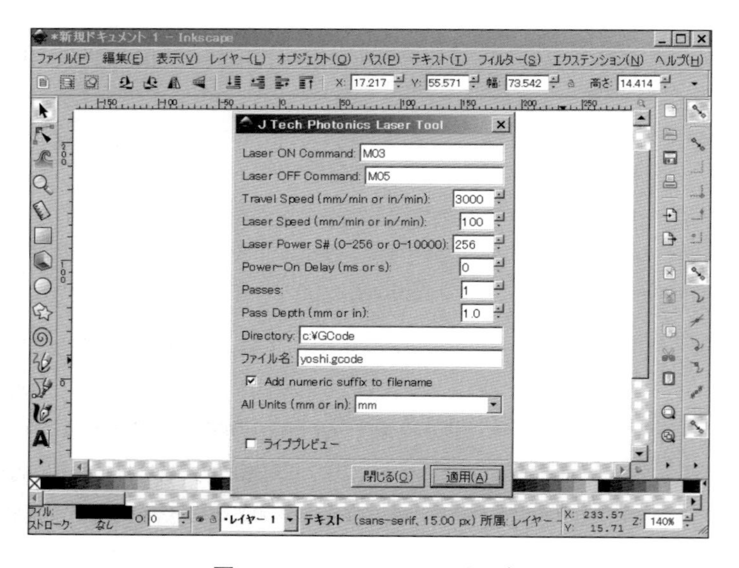

図 **1.19**　gcode のファイル名

次のコマンドでUniversal Gcode Senderを起動します．図1.20に示す画面がたちあがります．

```
$ laser
```

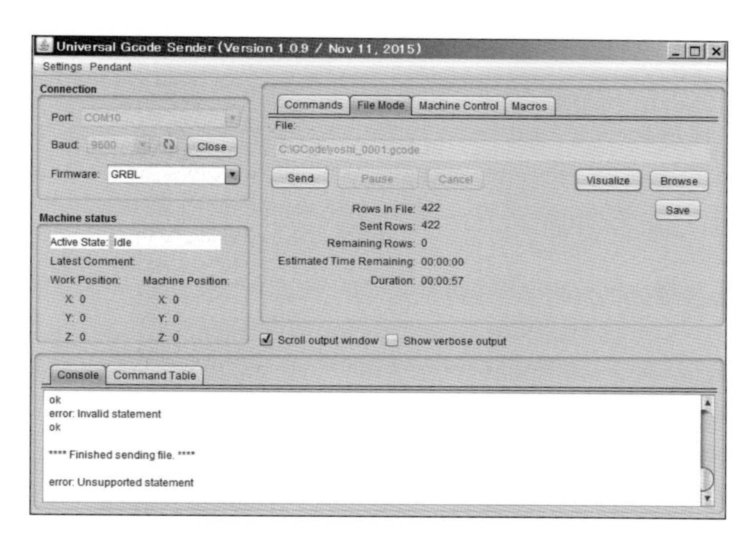

図 **1.20**　Universal Gcode Sender

正しいポート番号を選択し，Openボタンをクリックします．［File Mode］を選択し，［Browse］ボタンをクリックし，gcodeファイルを参照します．ここでは，c:\GCode\yoshi.gcodeを選びます．レーザ装置の電源を接続してから［Send］ボタンを押すと，レーザーのお絵描きが始まります．図1.21に示すように，きれいに仕上がります．文字の輪郭が一筆書きで，レーザ彫刻されます．

図 **1.21**　レーザーマシンで文字のお絵描き

1.4.2 写真から似顔絵生成

写真から，似顔絵を作る Python 言語のプログラム (cartoon.py) を紹介します．OpenCV [14] 3.1.0 の新しい機能に cv2.stylization() があります．cartoon.py を動かすためには，Pillow，Opencv，numpy，matplotlib などのライブラリをインストールしてください．

[14] Open Source Computer Vision Library のこと．画像や動画をコンピュータ上で加工処理するための多種多様な機能が利用できるライブラリです．

Windows 10 で動作させるためには，下記サイトから必要なライブラリ (xxx.whl) をダウンロードして，後述する pip コマンドでインストールしていきます．

http://www.lfd.uci.edu/~gohlke/pythonlibs/

1. Pillow-3.3.1-cp27-cp27m-win_amd64.whl
   または， Pillow-3.3.1-cp35-cp35m-win_amd64.whl
2. opencv_python-3.1.0-cp27-cp27m-win_amd64.whl
   または， opencv_python-3.1.0-cp35-cp35m-win_amd64.whl
3. numpy-1.11.1+mkl-cp27-cp27m-win_amd64.whl
   または， numpy-1.11.1+mkl-cp35-cp35m-win_amd64.whl
4. matplotlib-2.0.0b3-cp27-cp27m-win_amd64.whl
   または， matplotlib-2.0.0b3-cp35-cp35m-win_amd64.whl

Python ライブラリをインストールするには，次のコマンドを実行します．XXX はライブラリの名前です．

$ pip install XXX.whl

Bash On Ubuntu On Windows 上でのインストールは複雑ですが，最新の OpenCV をインストールできます．Bash On Ubuntu On Windows は発展途上のため，次のような複雑なインストールが必要です．

Bash を起動します．以下のようにコマンドを打ち込んで，3.1.0.zip ファイルをダウンロードし，展開していきます．

bashOnUbunts_opencv.help（一部）

```
$ wget https://github.com/Itseez/opencv/archive/3.1.0.zip
$ unzip 3.1.0.zip
$ sudo apt install build-essential libgtk2.0-dev libjpeg-dev
  libtiff4-dev libjasper-dev libopenexr-dev cmake python-dev
```

```
  python-numpy python-tk libtbb-dev libeigen3Dev yasm libfaac-dev
  libopencore-amrnb-dev libopencore-amrwb-dev libtheora-dev
  libvorbis-dev libxvidcore-dev libx264-dev libqt4-dev
  libqt4-opengl-dev sphinx-common texlive-latex-extra libv4l-dev
  libdc1394-22Dev libavcodec-dev libavformat-dev libswscale-dev
  default-jdk ant libvtk5-qt4-dev
$ cd opencv-3.1.0
$ mkdir build
$ cd build
$ cmake -D CMAKE_BUILD_TYPE=RELEASE -D CMAKE_INSTALL_PREFIX=
  /usr/local -D WITH_TBB=ON -D BUILD_NEW_PYTHON_SUPPORT=ON -D
  WITH_V4L=ON -D WITH_FFMPEG=OFF -D BUILD_opencv_python2=ON ..
$ make -j4
$ sudo make install
$ sudo sh -c 'echo "/usr/local/lib" >
  /etc/ld.so.conf.d/opencv.conf'
$ sudo ldconfig
$ sudo apt install execstack
$ cd /usr/local/lib
$ sudo execstack -c *.so
$ sudo execstack -c libopencv*.so.*
$ sudo ln /dev/null /dev/raw1394
```

上のすべてのコマンドは，著者の作成した bashOnUbuntu_opencv.help ファイルからコピー&ペーストできるようにしてあります．このファイルをダウンロードするには，以下のコマンドを実行します．

```
$ wget $take/bashOnUbuntu_opencv.help
```

bashOnUbuntu_opencv.help ファイルの中身を確認しながら，コマンドを実行してください．

次の 2 行が普通のカラー写真を鉛筆絵描き図に変換する重要なコマンドです．

```
gray, out = cv2.pencilSketch(img, sigma_s=60, sigma_r=0.07,
shade_factor=0.060)
```

```
cv2.stylization(img,gray)
```

(1)　Windows 上で動作させる場合

Windows 上では，次のコマンドを実行すると，カラー写真 (yt.jpg) が鉛筆画 (r.jpg) に自動変換され表示されます．

まずは，カラー写真 (yt.jpg) をダウンロードします．

```
$ wget $take/yt.jpg
```

次に，cartoon.py プログラムファイル（以下）をダウンロードします．

```
$ wget $take/cartoon.py
```

cartoon.py

```
from PIL import Image
import cv2,sys
import numpy as np
import matplotlib.pyplot as plt
img = Image.open(sys.argv[1])
plt.imshow(img)
w,h=img.size
size=1
img.resize((w/size,h/size), Image.ANTIALIAS).save('small.jpg')
img = cv2.imread('small.jpg')
gray, out = cv2.pencilSketch(img, sigma_s=60, sigma_r=0.07,
  shade_factor=0.060)
cv2.stylization(img,gray)
cv2.imshow("cartoon",gray)
cv2.imwrite(sys.argv[2],gray)
plt.show()
cv2.waitKey(0)
```

次のコマンドで，鉛筆画 (r.jpg) が自動生成されます（図 1.22）．

```
$ python cartoon.py yt.jpg r.jpg
```

(2)　Ubuntu 上で動作させる場合

Ubuntu 上で動作させるには，Bash を起動します．次のコマンドを実行していきます．

まず，カラー写真をダウンロードします．

```
$ wget $take/yt.jpg
```

次に，cartoon_noGUI.py プログラム（以下）をダウンロードします．

$ wget $take/cartoon_noGUI.py

cartoon_noGUI.py

```
from PIL import Image
import cv2,sys
import numpy as np
import matplotlib.pyplot as plt
img = Image.open(sys.argv[1])
plt.imshow(img)
w,h=img.size
size=1
img.resize((w/size,h/size), Image.ANTIALIAS).save('small.jpg')
img = cv2.imread('small.jpg')
gray, out = cv2.pencilSketch(img, sigma_s=60, sigma_r=0.07,
  shade_factor=0.060)
cv2.stylization(img,gray)
cv2.imshow("cartoon",gray)
cv2.imwrite(sys.argv[2],gray)
plt.show()
cv2.waitKey(0)
```

次のコマンドで，カラー写真を，鉛筆画 (r.jpg) に変換します（図 1.22）．

$ python cartoon_noGUI.py yt.jpg r.jpg

図 1.22 カラー写真と自動変換された鉛筆画

図 1.22 の鉛筆画を基にレーザーマシンでお絵描きしたものが図 1.23 です．

図 1.23 レーザーでお絵描き

1.5 主要な gcode 一覧

gcode は，レーザーマシンや 3D プリンター，PCB 基板製造などのコンピュータ数値制御 (computer numerical control: CNC) で広く使われてきています．ここでは，gcode コマンドを簡単に紹介します．

レーザーの **ON/OFF** の設定

```
M05 S0 (laser off)
M03 S256 (laser on)
```

絶対距離モードと相対距離の設定

```
G90 (set absolute distance mode)
G91 (set incremental distance mode)
```

インチとミリ単位の設定

```
G20 - to use inches for length units.
G21 - to use millimeters for length units
```

線形移動のスピードの設定

```
G1 F3000 (linear move at a feed rate of 3000)
```

移動の設定

```
G1 X2.4283 Y15.3206 (linear move from current position to X2.4283
```

Y15.3206)

待ち時間の設定

G4 P0 (wait for 0.0 seconds before proceeding)

反時計方向移動の設定

G3 X2.8722 Y15.405 I1.105 J1.3996 (counterclockwise arc in the XY plane)

時計方向移動の設定

G2 X3.5813 Y15.9348 I-2.4039 J-0. (clockwise arc in the XY plane)

ステップモータ停止の設定

M18 (Disables stepper motors)

文字 (JR) の例：JR.gcode

```
$ cat JR.gcode
M05 S0
G90
G21
G1 F3000
G1  X11.6218 Y17.3191
G4 P0
M03 S256
G4 P0
G1 F100.000000
G1  X12.0645 Y17.3191
...
G3 X12.7941 Y19.8747 I0. J-2.9047
...
G1  X11.6218 Y17.3191
G1  X11.6218 Y17.3191
G4 P0
M05 S0
G1 F3000
G1  X12.4194 Y19.1622
G4 P0
M03 S256
```

```
G4 P0
G1 F100.000000
G2 X12.4302 Y19.27 I0.5406 J-0.
G2 X12.459 Y19.3568 I0.3774 J-0.0768
G1  X12.508 Y19.4335
G2 X12.5865 Y19.5015 I0.2899 J-0.2554
...
G1  X13.403 Y19.5911
G1  X13.403 Y18.623
G1  X13.0584 Y18.623
G2 X12.8974 Y18.6309 I-0. J1.6577
...
G1  X12.4194 Y19.1622
G4 P0
M05 S0
G1 F3000
G1  X14.4089 Y17.9857
G4 P0
M03 S256
G4 P0
G1 F100.000000
G3 X14.4684 Y17.6749 I0.8417 J-0.
...
G1  X15.6181 Y17.6515
G1  X15.5992 Y17.6515
G2 X15.528 Y17.6291 I-0.4861 J1.4226
...
G1  X14.8223 Y17.7152
G1  X14.786 Y17.7879
G2 X14.7638 Y17.8841 I0.4367 J0.1515
...
G1  X14.75 Y19.6118
...
G4 P0
M05 S0
G1 F3000
G1 X0 Y0
M18
```

体験のまとめ

第 1 章では，オープンソースハードウェアの基礎と開発環境の構築を体験しました．第 2 章以降の基礎知識がなくても，2D レーザー彫刻マシンを組み立てることで，比較的簡単に，オープンソースハードウェアの構築体験ができると思います．組み立てた 2D レーザーへのコマンドは gcode で記述されますが，本章では gcode のコマンドも紹介しました．次の章では，電子回路設計の基礎を体験します．この内容は，IoT の構築にとって不可欠な情報です．

第2章

電子回路の基礎を体験

本章では，いよいよオープンソースハードウェアの代表格と言えるAVRマイコン (Atmega328) を使ったArduino開発環境の活用の仕方について解説します．まずは，電子回路を設計・実装する際の心がまえについて説明します．そして，UART通信を使ったアプリケーションの実装方法，i2cデバイスの利用方法など，オープンソースハードウェアを構築するための基礎を学んでいきます．

2.1　電子回路の設計・実装に向けた心がまえ

2.1.1　センサーの選び方と電圧に関する注意

初心者が，電子回路を設計・実装する時に考慮すべきことは，

1. 電流
2. 電圧
3. 抵抗
4. 速度（時間:タイミング）

の四つです．したがって，オームの法則［V（電圧）$= I$（電流）$\times R$（抵抗）］が理解できれば，ほとんどの問題は解決できます．

センサーを選ぶときに重要なのは，変化値が大きくなる素子を選択することです．変化値の小さいセンサーを選ぶと，アンプを使って測定値を増幅するための回路が必要になってきます．

たとえば，サーミスタ[1]を使う場合，できるだけ，温度変化に対して抵抗

[1] 温度により抵抗値の変わる素子．

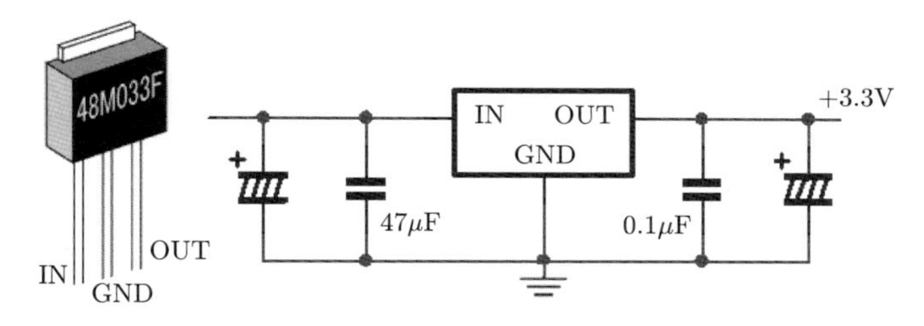

図 2.1 48M033F (3.3 V) レギュレータの例

値変化の大きいものを選びます．サイズの小さいサーミスタは熱容量が小さいので，小さな温度変化に対しても敏感に反応します．最悪の選択は，「抵抗値が小さく，サイズが大きいサーミスタ」です．

このように，センサーを使うときは，なるべくオペアンプ[2)]を使わなくても済むように設計します．センサーの値を電圧変化に変えることで，アナログ入力で読み取れるように工夫します．Arduinoでは，1 μs（マイクロ秒）でアナログ値（10ビットの精度）を読み取ることができます．

電圧で重要なのは，絶対最大電圧を考慮して設計することです．たとえば，3.3 V センサーの場合，5 V 電源を接続してしまうと，センサーが壊れる可能性があります．ほとんどのセンサーでは，安定した電圧を供給する必要があります．センサーの電源電圧の範囲を仕様書などで必ず確認しましょう．

安定した電圧には，3端子定電圧レギュレータが重要です．3端子定電圧レギュレータの入力と出力の両端にキャパシタ[3)]を図2.1のように接続してください．セラミックキャパシタは，応答速度が速いので，急速な電圧降下に対して有効です．それらは，バイパスキャパシタと呼ばれます．

47 μF（マイクロファラド）と 0.1 μF の二つのキャパシタによる並列回路を構成していますが，両者を足した 47.1 μF に意味があるわけではありません．高速な電圧降下に対して，0.1 μF はバイパスキャパシタとして働かせます．47 μF のキャパシタは緩やかな電圧変化に対して有効です．

一方，電流では，たとえばモーターやサーボモーターを駆動する場合，電流が足りないとうまく動作しません．急激に電圧が変化することで，電流が足りなくなり，回路が誤動作することがあります．つまり，一定の電圧を維持しながら，最低限の電流量を満たす必要があります．

大電力（駆動回路）と小電力（制御回路）の二つの電源を準備すると多くの問題を解決できる可能性があります．大電力回路の影響を受けないように，二つの電源系統に分けたほうが，設計が簡単になるかもしれません．二つの

2) センサーの検知した信号を増幅するための素子．

3) 日本ではコンデンサと呼ぶことがありますが，できるだけキャパシタと呼びましょう．

電源を使う場合は，必ずGND（グラウンド）は共通にしてください．二つの3端子レギュレータを使って，大電力用と小電力用の電源を準備すると，回路全体が安定します．

2.1.2　スイッチにはMOSFETを活用しよう

電子スイッチとしては，安価で使いやすいMOSFETトランジスタが有効です（後述する図2.2を参照）．MOSFETの場合，入力インピーダンスが極めて高いので，入力電圧（スレッシュホールド電圧）を気にするだけで，所望の電子スイッチ回路が構築できます．電子スイッチがONになると，MOSFETのS（ソース）とD（ドレイン）が短絡，すなわち電気が流れます．電子スイッチがOFFになると，SとDの間が開放，すなわち電気が流れなくなります．

MOSFETを選ぶ場合，スイッチをONしたときのON抵抗値（R_{DS}抵抗）ができるだけ小さいものにします．SとDが短絡した場合，SとDの間を流れる電流で，MOSFETが発熱します．無駄な電気エネルギーをMOSFETで消費しないようにします．ON抵抗値が小さいと，MOSFETからの発熱は小さくなります．

最大電流・最大電圧の大きいMOSFETをできるだけ選ぶようにします．余裕を持って設計しないと，一瞬でも最大電圧を超えた場合，簡単にMOSFETが壊れます．

また，できるだけスイッチングスピードが速いMOSFETを選びましょう．入力に対してMOSFETの応答が遅いとさまざまな問題を起こすことがあります．たとえば，MOSFETの応答が遅いと，MOSFETがスイッチングしなかったり，発熱の問題を引き起こしたりすることがあります．入力電圧がスレッシュホールド電圧付近になると，危険な状態（ONでもOFFでもない状態）と言えます．MOSFETの不安定な状態をなるべく短くすることが，回路設計では重要です．

MOSFETには，NチャンネルとPチャンネルがあります．図2.2に示すように，N-MOSFETでは，S（ソース）をGNDに接続します．多くのN-MOSFETは，入力電圧V_{GS}（ゲート電圧）が，2.5V以上でONになります．MOSFETがONになると，SとD（ドレイン）は，R_{DS}抵抗で短絡します．MOSFETがOFFの時は，SとDの間は開放します．MOSFETの型番によって，ゲートスレッシュホールド（ゲート閾値）電圧は異なるので必

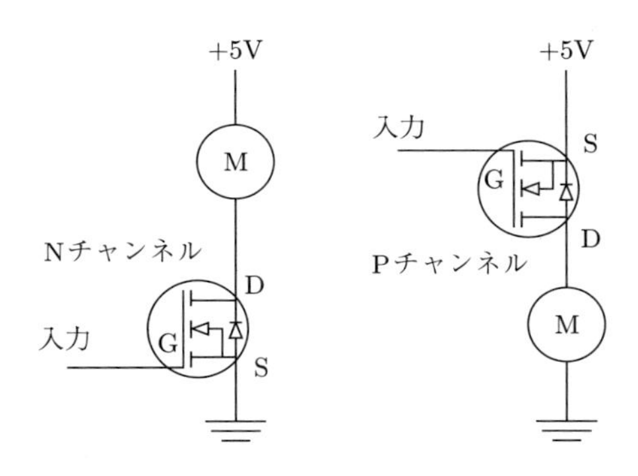

図 2.2　N-MOSFET（左）と P-MOSFET（右）によるモーター駆動

ず MOSFET の仕様書を確認しましょう．優秀な MOSFET では，R_{DS} 抵抗が数 mΩ（ミリオーム）になります．

P-MOSFET では，入力電圧 V_{GS}（ゲート電圧）がマイナス 2.5 V 以下で ON になります．ゲート電圧がマイナスなのは，常に S 電圧が G（ゲート）電圧よりも高いからです．基準になる電圧は，ここでは S 電圧に対しての G 電圧の表記になります．

MOSFET は，電圧駆動素子なので，ゲートへの駆動電流は無視できるほど小さくなります．MOSFET の入力インピーダンス（交流抵抗）が高いので，MOSFET がスイッチング素子として使いやすいわけです．

図 2.2 に示した回路図で，MOSFET が ON になったらどれくらいの電流が流れるか，わかりますか？

モーターの直流抵抗が 10 Ω であれば，オームの法則から $V/R = 5/10 = 0.5$ A（アンペア）の電流が流れます．電力 P は，$P = V \times I$ なので，$P = 5 \times 0.5 = 2.5$ W（ワット）になります．つまり，スマートフォーンの充電電力と同じぐらいになります．回路設計するときは，どれくらいの電源を準備しないといけないのか，常に考えながら，電子回路を設計しましょう．

2.1.3　センサーの値を高性能 CPU に送る

Atmega328P で処理しきれないほどの計算時間がかかるアプリケーションを使う場合は，センシングで得られたデータだけを計算能力の高い CPU へ送信し，処理していきます．一つの Atmega328P では処理しきれないアプリケーションを複数の Atmega328P を使って処理することもあります．

この際，通信速度は電圧測定の細かさに寄与する点に注意が必要です．

[4] Universal Asynchronous Receiver Transmitter の略．シリアル信号とパラレル信号を互いに変換する集積回路のこと．

[5] baud rate．デジタルデータをアナログ変換し，アナログ回線を使ってシリアル転送する際の伝送速度の単位．本文中にもあるように，1 秒間に転送できるビット数のこと．

[6] Atmega328P では 6 チャンネルのアナログ入力があり，Atmega328P-AU では 8 チャンネルのアナログ入力があります．

Atmega328P の UART [4] によるシリアル通信では，115200 ボーレート [5] が最大の通信速度になります．ボーレートとは，1 秒間に何ビット転送できるか，その速度を表します．厳密には，8 ビットのデータを送るので，数ビットのデータ（先頭ビット+STOP ビット+パリティビット）を付加して送信する必要があります．

アナログ入力値は，最大 0.1 ms のスピードで読み込まれ，10 ビットの解像度でデジタル値に変換されます．アナログ入力機能は，AD（アナログ・トゥ・デジタル）変換と呼ばれています [6]．

たとえば，+3.3 V の電源を使った場合，10 ビットでは，0 から 1023 を表すので，$3.3/1023 = 0.0032258$ V の細かさで測定が可能になります．つまり，3 mV の解像度でアナログ電圧を測定できます．

アナログ入力の電圧測定範囲は，アナログ電源（AREF, AVCC）やプログラムから制御できます．デフォルトのアナログ電圧は，電源電圧になります．

Arduino 開発環境では，読者が準備するのは xxx.ino ファイルのみです．xxx.ino ファイルに，Atmega328P に実行させたいことを C++言語で記述します．Arduino 開発環境では，xxx.ino ファイルを xxx.hex ファイルに変換してくれます．この作業のことを，コンパイル作業といいます．生成された xxx.hex はプログラムライタで，Atmega328P チップにフラッシュ（フラッシュメモリに書き込み）します．

モーターを駆動する場合はくせ者で，逆起電力が生じます．図 2.2 に示す小さな保護用ダイオードが備わっていますが，大きい逆起電力が生じる場合は，この小さなダイオードでは保護できない場合があるので，ショットキーダイオードを，保護ダイオードと同じ向きで並列接続して使います．

2.2 AVR マイコン (Atmega328P)

Atmega328 以外にもさまざまな 8 ビットチップが Arduino 環境で開発できますが，一番普及しているのは，Atmega328P（DIP タイプ 28 ピン）と Atmega328P-AU（TQFP-32 タイプ 32 ピン: 0.8 mm ピッチ）です．それぞれのピン機能を図 2.3 と図 2.4 に示します．

同じ Atmega328 でも，型番でピン数が異なります．図 2.3 と図 2.4 に共通して備わっている機能には，UART のシリアル通信 (TXD, RXD)，i2c (SCL,

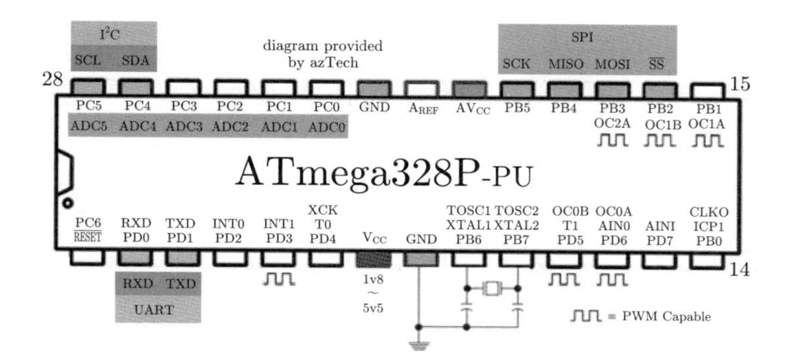

図 **2.3**　Atmega328P（外形 35 mm × 9 mm）

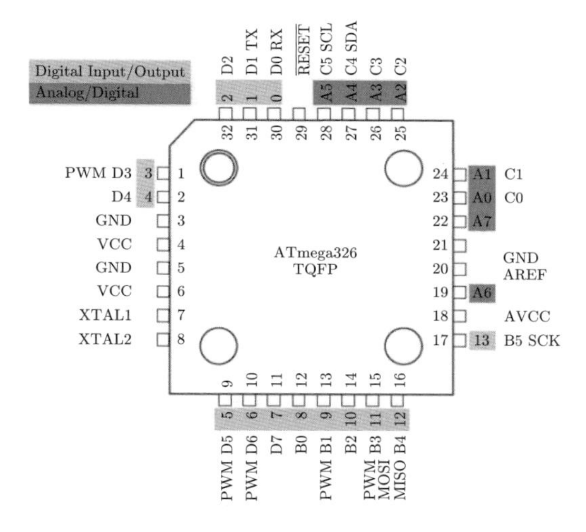

図 **2.4**　Atmega328P-AU（外形 9 mm × 9 mm）

SDA)，SPI (SS MOSI, MISO, SCK)，デジタル GPIO 入出ピン，アナログ入力ピンなどです．

2.3　Arduino 開発環境の活用

Arduino のピン配置を図 2.5 に示します．

Ubuntu 上での Arduino 開発環境は，著者が一押しする開発環境です．Ubuntu での Arduino 開発環境は次のコマンド実行で簡単に構築できます．Bash を起動して，次の 1 行のコマンドを実行すると Arduino 開発環境を構

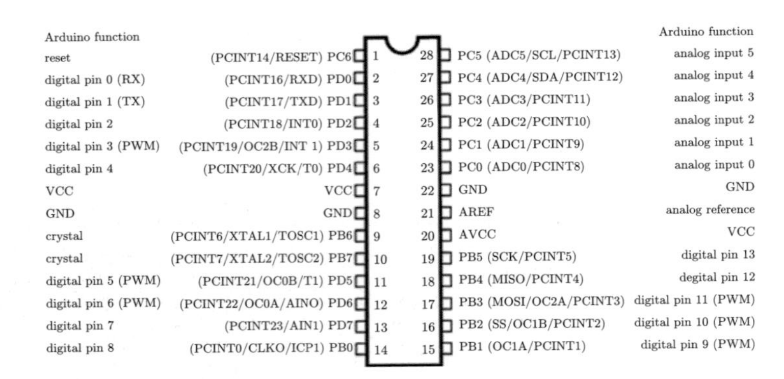

図 2.5　Atmega328P のピン配置と Arduino 機能

築できます．

```
$ sudo apt install arduino arduino-core arduin-mk
```

試しに，led0.tar ファイルをダウンロードし，test.ino ファイルをコンパイルしてみます．

led0.tar ファイルをダウンロードします．

```
$ wget $take/led0.tar
```

led0.tar ファイルを解凍します．

```
$ tar xvf led0.tar
```

led0 フォルダに移動します．

```
$ cd led0
```

led0 フォルダにあるファイルを見ます．

```
$ ls
Makefile led0.ino
```

ここでは，Makefile と led0.ino ファイルがあることがわかります．

次に，make コマンドで，自動的に，led0.ino から led0.hex ファイルを生成します．

```
$ make
...
```

ファイルの行数を調べて見ます．led0.hex ファイルは，69 行あるようです．

```
$ wc bui*/*.hex
69 69 3021 build-atmega328/led0.hex
```

最低限必要なファイルは，XXX.ino と Makefile です．読者のみなさんが準備するのは，XXX.ino ファイルのみです．Makefile ファイルはすべて共通利用できます．Arduino 開発環境では，C++のプログラム言語を使います．

チップの変更，クロック周波数の変更を行う場合は，Makefile を変更する必要があります．

2.4 デジタル入力・出力

Atmega328P の電源ピン（7 番ピン：VCC，8 番ピン：GND) に電源を供給します．電源電圧の範囲は 1.8 V 以上 5.5 V 未満です．動作可能な温度は，マイナス 40 度 C から 85 度 C の範囲です．

CPU のクロック周波数は最高 20 MHz です．デジタル出力ピンは，電源電圧と同じ電圧になります．したがって，電源電圧が+3.3 V であれば，デジタル値が 1 であれば+3.3 V，デジタル値が 0 だと 0 V となります．Atmega328P では，利用できるデジタル入力・出力ピンは 20 本あります．

先ほどの led0 の例で，led0.ino を見てみましょう．

led0.ino

```
int ledPin=8;

void setup() {
 pinMode(ledPin,OUTPUT);
}

void loop() {
 digitalWrite(ledPin,1);
 delay(500);
 digitalWrite(ledPin,0);
 delay(500);
}
```

デジタルピンの出力設定では，pinMode(ledPin,OUTPUT); または，pinMode(8,OUTPUT); です．各行の最後には必ずセミコロン“；”の記号を入れます．

Arduino プログラムには，void setup(){} 関数と void loop(){} 関数が必要です．void setup(){} 関数は Atmegan328 チップに電源を入れると 1 回だけ実行します．loop 関数は，名前のとおり，ループを常に繰り返します．

出力ピンに値（1）を出すには，digitalWrite(ledPin,1); または digitalWrite(8,1); とします．出力ピンに値（0）を出すには，digitalWrite(ledPin,0); または digitalWrite(8,0); とします．

図 2.6 に示すピン機能を見ればわかりますが，デジタルピン 8 とは，Atmega328P の 14 ピン番号に相当します（左の最下位置のピン）．

led0.ino では，delay(500); は 500 ms（0.5 秒）の遅延時間を表します．つまりこのプログラムは，1 秒おきに点滅（500 ms の間 LED が ON，500 ms の間 LED が OFF）を永久に繰り返します．

Bash を起動して，次のコマンドを実行してください．
led0 フォルダに移動します．ここでエラーが出る場合は，2.3 節を参照してください．

```
$ cd led0
```

次のコマンドで，led0.hex のフォルダを確認します．build-atmega328 フォルダがない場合は，make コマンドを実行します（2.3 節を参照）．

```
$ ls
Makefile build-atmega328/ led0.ino
```

led0.hex ファイルをデスクトップへ移動させます．.bashrc ファイルに，次の 1 行を入れておきます．XXX はパソコンのユーザー名です．

```
alias desk='/mnt/Users/XXX/Desktop'
```

生成した led0.hex ファイルをデスクトップにコピーします．

```
$ cp build-atmega328/led0.hex $desk
```

コマンドが成功すると，Windows のデスクトップに led0.hex ファイルが現れます．Ubuntu と Windows がファイル共有しているので，Ubuntu ファイルや Windows ファイルにアクセスできます．

led0.hex ファイルを Atmega328P にフラッシュして，led0.ino プログラムを検証します．

① 1.2 節で作成したプログラムライタに Atmega328P チップを挿してから，パソコンに USB 接続します．

② Windows のデスクトップにある avrdudeGUI をダブルクリックして起動します．

Command line Option を，

```
-P ft0 -B 9600
```

に変更してください．

Fuse の［Read］ボタンを押すと，lFuse が 62 になっているので，E2 に変更してから，［Write］ボタンを押します．62 では，Atmega328P のクロックスピードが 1 MHz，E2 では，8 MHz になります．

Command line Options を，

```
-P ft0 -B 115200
```

に変更してから，Flash の［..］ボタンを押し，led0.hex を参照します．［Erase-Write-Verify］ボタンを押すと，フラッシュの書き込みを開始します．

③ いったん USB ケーブルを切断して，再接続してください．LED が 1 秒ごとに点滅すれば，成功です！

LED は抵抗内蔵の LED にすると便利です．足の長いほうが LED のプラス側になります．足の短いほうが LED の GND です．足の接続を逆にすると LED は点灯しません．

http://www.akizukidenshi.com/catalog/g/gI-06246/

次にデジタル入力の例 (led1.ino) を示します．

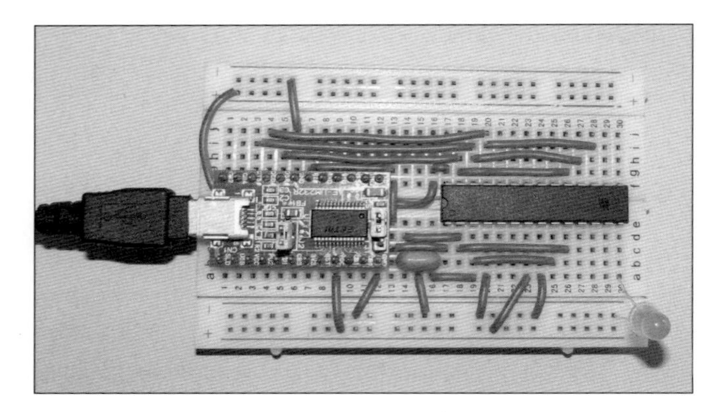

図 **2.6**　led0.ino の実験風景

led1.ino

```
int ledPin = 8; // LED connected to digital pin 8
int inPin = 7; // pushbutton connected to digital pin 7
int val = 0;  // variable to store the read value

void setup()
{
pinMode(ledPin, OUTPUT);   //set OUTPUT
pinMode(inPin, INPUT);        //set INPUT
}

void loop()
{
val = digitalRead(inPin);  // read the input pin
digitalWrite(ledPin, val);  // sets the LED to the button's value
}
```

Bash を起動して，次のコマンドを実行します．

```
$ wget $take/led1.tar
$ tar xvf led1.tar
$ cd led1
$ make
$ cp build-atmega328/led1.hex $desk
```

Windows 上の avrdudeGUI を起動して，led1.hex を参照し，［Erase-Write-Verify］ボタンでフラッシュします．

led1.ino では，デジタルピン 7 番がデジタル入力になります．デジタルピン 8 番が出力です．図 2.7 に示すように，デジタルピン 7 番と GND の間に単線を結線すると，LED は OFF になります．デジタルピン 7 番と+5 V を結線すると LED が点灯します．

デジタル入力の設定は，

```
int inPin = 7;
pinMode(inPin, INPUT);
```

`val = digitalRead(inPin);` で，変数 val にデジタルピン 7 番の値が読み込まれます．

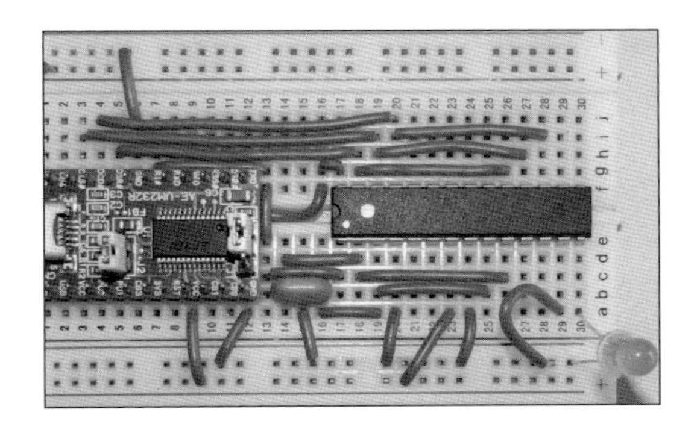

図 2.7 led1.ino の実験風景

2.5 アナログ入力

アナログ入力例を，led2.ino で検証してみます．図 2.8 に示すように，二つの LED を使っています．一つの LED は，発電素子として使います．光を LED に照射すると，LED は起電します．二つ目の LED は，起電電圧が，ある一定以上に達していれば点灯します．それ以外では，LED は消灯します．

A0（アナログ番）に挿している LED を手で隠すと，デジタルピン 8 番の LED が点灯します．A0 の LED を隠さないと，LED は OFF になります．

アナログ値は，10 ビットに変換され，次のコマンドで変数 sensorValue に整数が代入されます．アナログ入力の範囲は，`analogReference(DEFAULT);` コマンドで電源電圧（0 V から 5 V）になります．電源電圧が 5 V の場合は，4.9 mV の精度で測定できます．アナログ値を得るのに，100μs（マイクロ秒）の測定時間がかかります．電源電圧が 3.3 V の場合は，0 V から 3.3 V になります．`analogReference(INTERNAL);` の場合，0 V から 1.1 V の範囲になります．`analogReference(EXTERNAL9);` の場合は，図 2.5 の AREF および AVCC の外部の電圧でアナログ値の範囲が決まります．

```
sensorValue = analogRead(sensorPin);
```

この例では，`sensorValue>250` で判定しています．読み込まれたアナログ値（実際には 0 から 1023 までの整数）が 250 以上であれば，LED を点灯，250 以下であれば LED は消灯します．

```
if(sensorValue>250)
{digitalWrite(ledPin, 0);}
else {digitalWrite(ledPin,1);}
}
```

led2.ino

```
int ledPin=8;
int sensorPin = A0;
int sensorValue = 0;

void setup()
{
analogReference(DEFAULT);
pinMode(ledPin, OUTPUT);
}

void loop()
{
sensorValue = analogRead(sensorPin);
if(sensorValue>250)
{digitalWrite(ledPin, 0);}
else {digitalWrite(ledPin,1);}
}
```

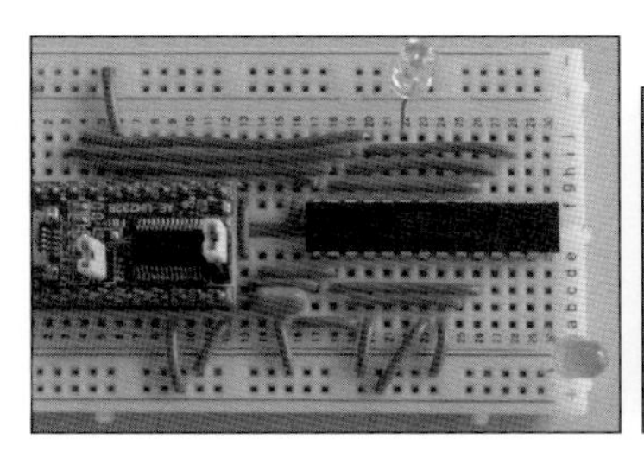
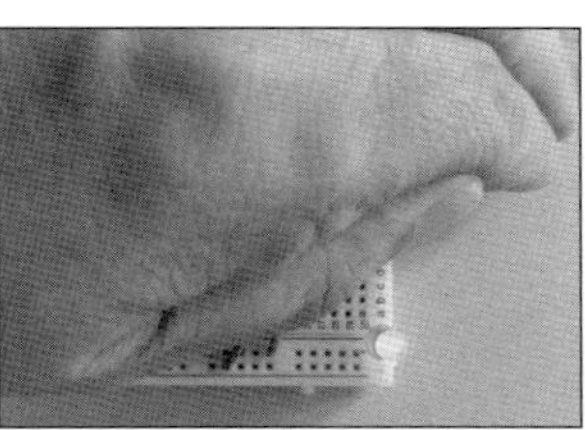

図 2.8 led2.ino の実験風景（二つの LED：上側の LED は発電用，下側の LED は点灯用）

2.6 UART通信

ここでは UART 通信を使った，三つのアプリケーション（led3.ino，マイク入力，家電品の状態検出器）を紹介します．

2.6.1 led3.ino

led3.ino は UART シリアル通信の例を示しています．新しいブレッドボードを用意してから，図 2.9 のようにブレッドボートに FT232RL を使います [7)]．

プログラムでは，setup() 関数では 8 回アナログ入力を読み込んで平均を取っています．その平均値から 100 を引いています．この値をスレッシュホールド電圧 (th) とします．

シリアル通信 (TXD, RXD) は，次のコマンドで通信可能になります．9600 ボーレートの通信速度です．

```
Serial.begin(9600);
```

図 2.5 のピン配置からわかるように，TXD ピンと RXD ピンを使います．Atmega328P の TXD ピンは，FT232RL の RXD ピンと接続します．同様に，Atmega328P の RXD ピンは，FT232RL の TXD ピンと接続します．FT232RL のパソコンのポート番号を確認して，picocom コマンドを Windows で実行します．

picocom は，次のようにすればインストールできます．

```
$ git clone https://github.com/npat-efault/picocom; cd picocom && make
```

7) プログラムライタの部品を活用します．

picocomの使い方は，次のようにします．ここで，ttyS2は，com3に相当します．つまり，comXの場合，ttyS(X-1)になります．com番号から1を引いてください．

comポートの番号は，device と入力し，デバイスマネージャーを起動して，ポート（COMとLPT）を確認します．picocomを終了したい場合は，ctrl-a（コントロールキーを押しながらaキー）+ctrl-x（コントロールキーを押しながらxキー）で終了できます．

```
$ picocom -b 9600 /dev/ttyS2
```

アナログA0の入力電圧が，デジタル変換されて表示されます．アナログ入力A0に接続されたLEDを手で覆うと，picocomで表示されている数字が小さくなります．デバイスを明るいところに持っていくと，数字が大きくなります．LEDの起電圧は，光源の明るさに比例します．ソーラーパネルと同様，LEDも発電します．

led3.ino

```
int ledPin=8;
int sensorPin = A0;
int sensorValue = 0;
int th=0;

void setup()
{
pinMode(ledPin, OUTPUT);
Serial.begin(9600);
for(int i=0;i<8;i++)
{ th = th + analogRead(sensorPin);}
 th= th/8; th=th-100;
}

void loop()
{
sensorValue = analogRead(sensorPin);
if(sensorValue>th)
{digitalWrite(ledPin, 0);}
else {digitalWrite(ledPin,1);}
Serial.println(sensorValue,DEC);
```

```
delay(1000);
}
```

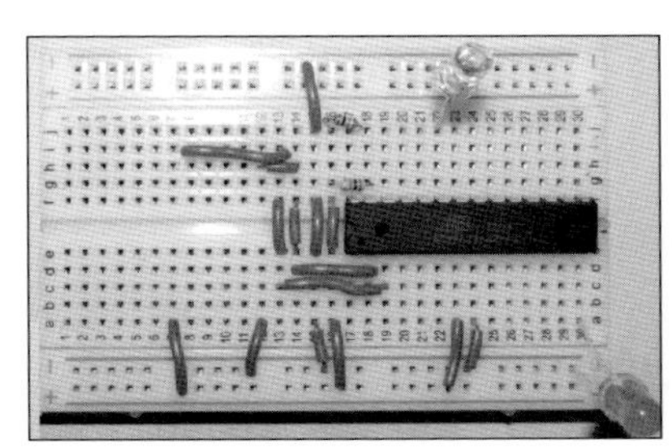
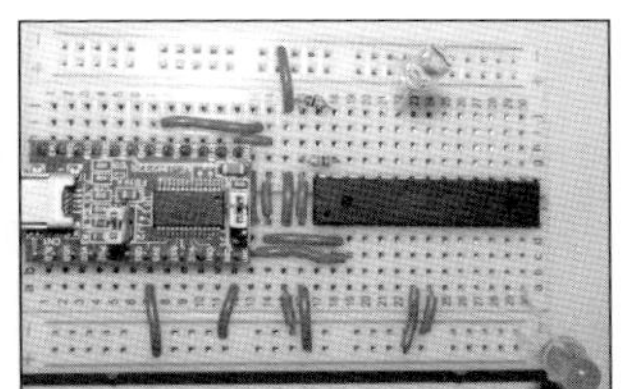

図 2.9 led3.ino の実験風景

回路図エディタ (Bsch)

構築する回路が複雑になってくると，やはり回路図が必要になります．お薦めは，Bsch 回路図エディタです．

最新版の Bsch 回路図エディタをダウンロードして，インストールします．

http://www.suigyodo.com/online/bs3vp160504rtl.zip

私が個人的に作ったライブラリは，次のコマンドで bsch_lib.zip ファイルをダウンロードできます．

```
$ wget $take/bsch_lib.zip
```

または，ブラウザからダウンロードします．

http://web.sfc.keio.ac.jp/~takefuji/bsch_lib.zip

bsch_lib.zip を unzip して，xxx.LB3 のすべてのファイルを，Bsch フォルダの LIB フォルダに移動させます．図 2.10 に示すように，設定ボタン→ライブラリをクリックし，「ライブラリの設定」を立ち上げます（図 2.11）．

パーツを選択するには，マークをクリックします．ここでは，FT231X の部品と ATMEGA328 を選択します（図 2.12）．

マークをクリックし，配線します．二つの LED も配線します．ファイルを閉じる前に，必ずファイルをセーブしましょう．イメージファイル出力

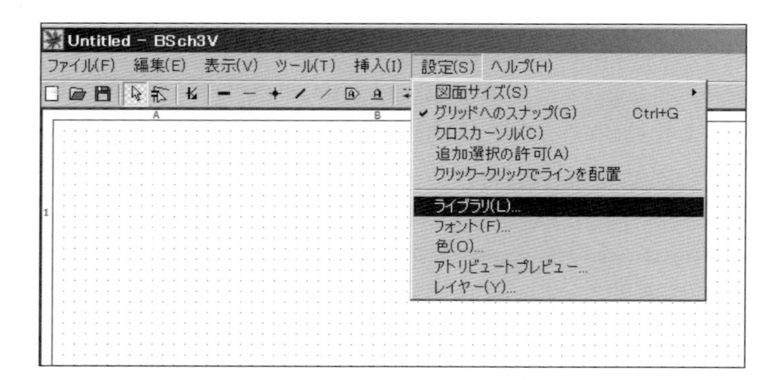

図 **2.10**　設定→ライブラリ

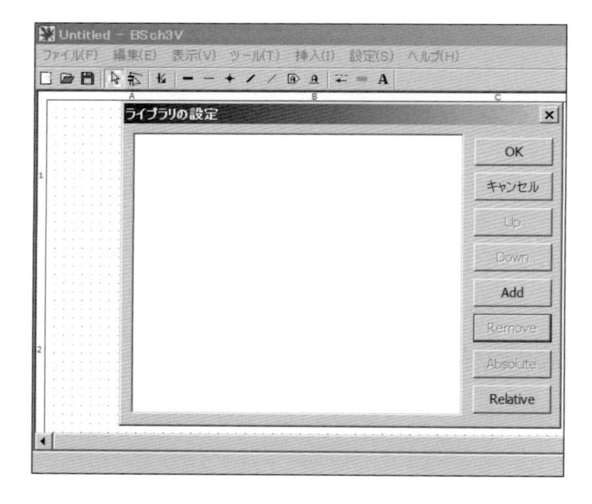

図 **2.11**　ライブラリの Add

で，led3.png を生成することができます．すべての GND は接続します（図 2.13）．

2.6.2　マイク入力

もう一つのマイク入力（アナログ入力+UART 通信）の例を紹介します．高感度マイクアンプキットを使います（図 2.14）．下記サイトから購入できます．

https://strawberry-linux.com/catalog/items?code=18231

または，

http://akizukidenshi.com/catalog/g/gK-05757/

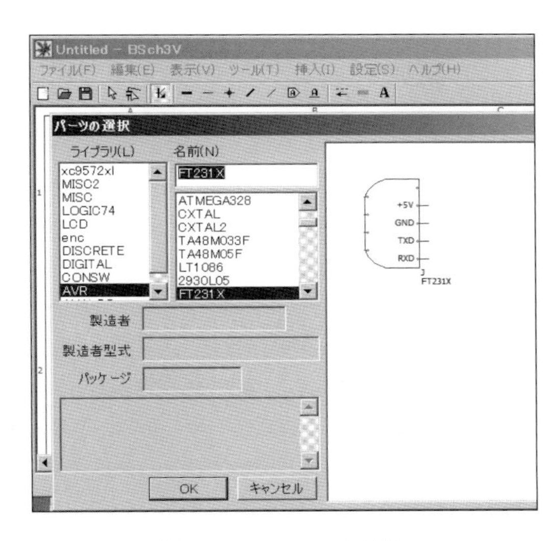

図 **2.12** パーツを選択

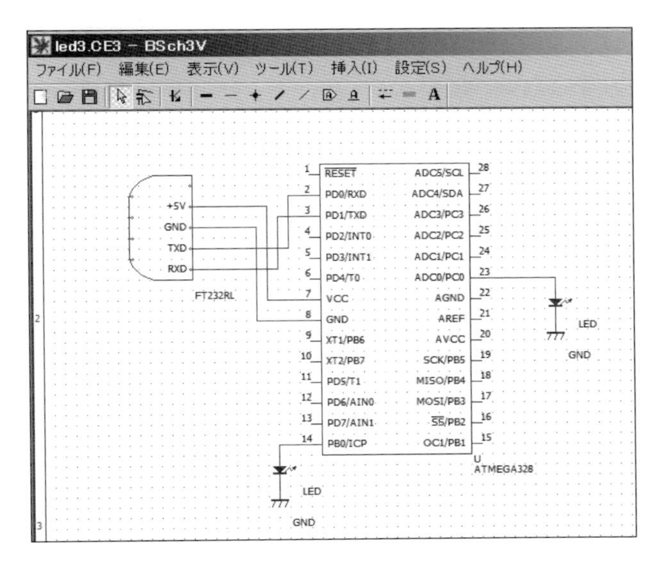

図 **2.13** 部品同士を配線

アンプ付きのマイクは，3 本足 (AUD, GND, VCC) で，AUD にマイクの出力が出ます．VCC は+5 V に接続します．ここでは，AUD ピンは，Arduino の A0 ピンに接続しています．マイクからのデータは，178 回読み込んで平均化しました．平均値のデータを UART の TXD から出力します．TXD ピンは，FT232RL の RXD に接続されています（図 2.15）．

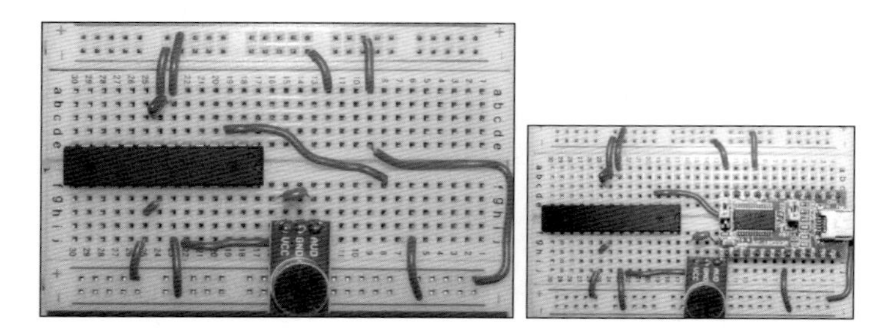

図 **2.14**　マイク入力→ UART → USB →パソコン

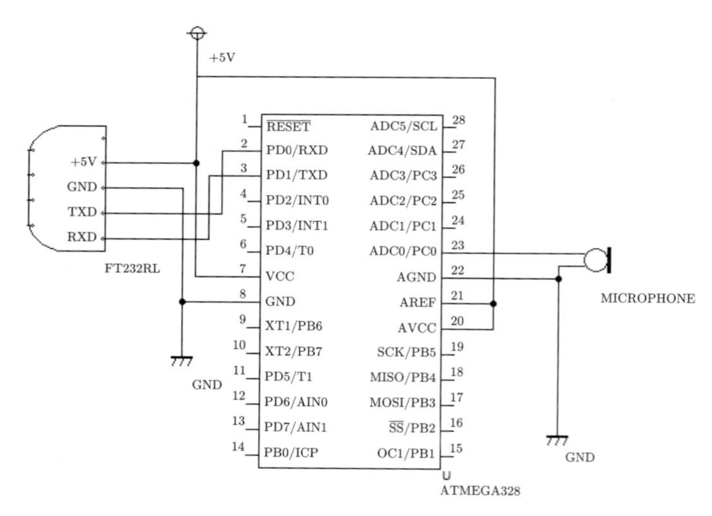

図 **2.15**　マイク入力回路図（マイク→シリアル通信→パソコン）

mic.ino

```
int sensorPin = A0;
unsigned int val=0;
void setup()
{
Serial.begin(9600);
}

void loop()
{
for(int i=0;i<178;i++){
val += analogRead(sensorPin); //100uS
}
val=val/178;
Serial.println(val,DEC);
val=0;
}
```

mic.py は USB(FT232RL) を経由して送信されるデータをリアルタイムにプロットします（図 2.16）．また，USB ポートを下の 6 行で自動認識しています．変数 num には，com 番号が代入されます．

```
import serial.tools.list_ports
ports = list(serial.tools.list_ports.comports())
for p in ports:
m=re.match("USB",p[1])
if m:
num=p[1].split('(')[1].split(')')[0]
```

mic.py

```
import sys, serial
import numpy as np
from time import sleep
from collections import deque
import matplotlib.pyplot as plt
import matplotlib.animation as anime
import datetime,pytz
import serial.tools.list_ports,re,os
```

```
ports = list(serial.tools.list_ports.comports())
for p in ports:
 #print p[1]
 m=re.match("USB",p[1])
 if m:
  num=p[1].split('(')[1].split(')')[0]

class AnalogPlot:
  def __init__(self):
      self.ser = serial.Serial(num, 9600,timeout=2.0)
      self.ax = deque([0]*100)
      self.maxLen = 100

  def addToBuf(self, buf, val):
      if len(buf) < self.maxLen:
          buf.append(val)
      else:
          buf.pop()
          buf.appendleft(val)

  def add(self, data):
      self.addToBuf(self.ax, data[0])

  def update(self, frameNum, a0):
      try:
          data = self.ser.readline().split()
          self.add(data)
          a0.set_data(range(self.maxLen), self.ax)
      except KeyboardInterrupt:
          print('exiting')
      return a0

  def close(self):
      self.ser.flush()
      self.ser.close()

  def init(self):
      data=self.ser.readline()
      sleep(0.9)
      return int(self.ser.readline())
```

```
sleep(1)
analogPlot = AnalogPlot()
init=analogPlot.init()
print(str(datetime.datetime.now(pytz.timezone('Asia/Tokyo'))))
while True:
  fig = plt.figure('infrasound')
  ax = plt.axes(xlim=(0, 100), ylim=(30, 300))
  a0 = ax.plot([], [])
  anim = anime.FuncAnimation(fig, analogPlot.update,
                              fargs=(a0),interval=25)
  plt.show()
  analogPlot.close()
```

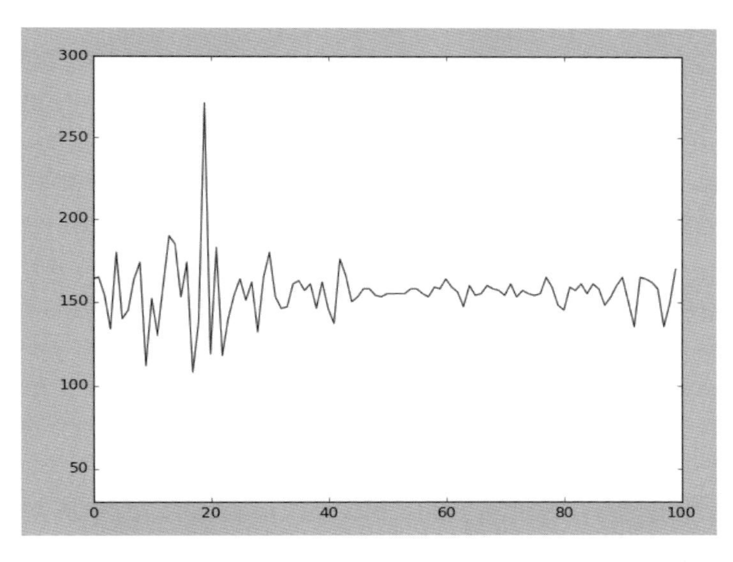

図 **2.16** マイク入力のリアルタイム表示

2.6.3 家電品の状態検出器

次に，家電品の三つの状態（電源 OFF，待機中，使用中）を判別できる簡単なデバイスを考えてみました．ダイエットの効果を明らかにするために，ダイエット用の運動装置を使っているかどうかを判定する必要があります．運動装置に組み込むのは大変なので，電源コンセントで簡単に判別できるデバ

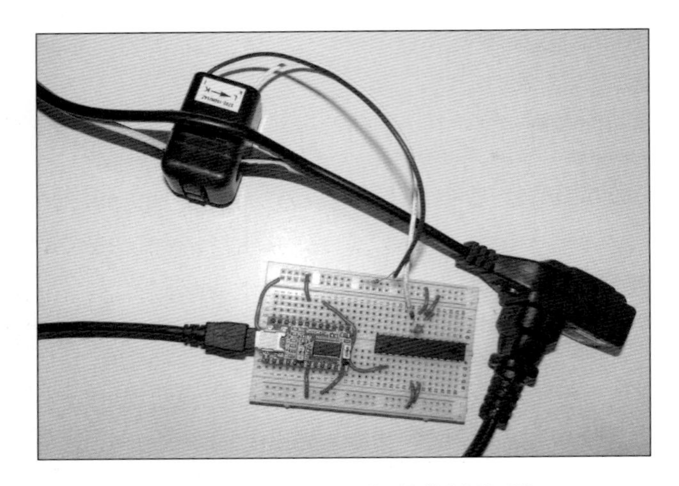

図 **2.17**　完成した電源状態判別回路

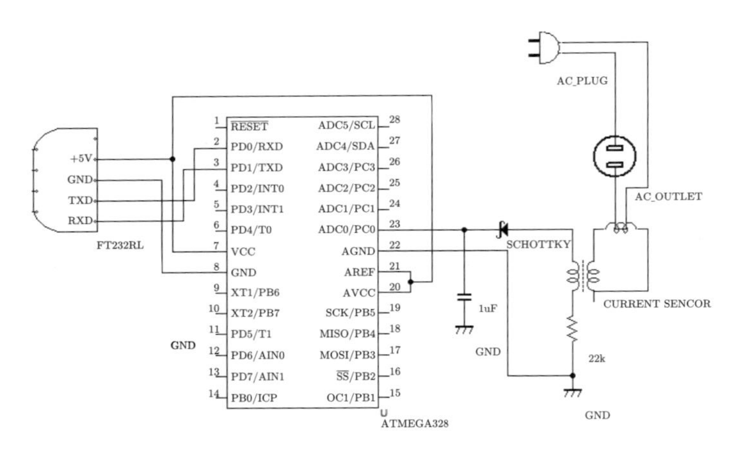

図 **2.18**　電源状態判別回路

イスにしました（図 2.17；回路図は図 2.18）.

電源状態判別装置のセンサーには，高精度電流センサーを使います．下記サイトから購入できます．

http://www.akizukidenshi.com/catalog/g/gP-08960/

このセンサーは，測定電流 30 A に対して 0.1 V 出力（負荷抵抗 10Ω）なので，測定する家電製品の電力にあわせて抵抗値を決めます．ここでは，抵抗値を 22kΩ にしました．

ターゲットの家電品は，ノートパソコンです．

Bash を起動して，次のコマンドを実行します．

```
$ wget $take/diet.tar
$ tar xvf diet.tar
$ cd diet
$ make
$ cp build*/diet.hex $desk
```

diet.ino

```
void setup(){
  Serial.begin(9600);
  //analogReference(INTERNAL);
  analogReference(DEFAULT);
}

int max=0;
void loop(){
  if(Serial.available()){
for(int i=0;i<1000;i++)
{if(analogRead(0)>max){max=analogRead(0);}
delay(1);
}
Serial.println(max,DEC);
  }
max=0;
}
```

次に，Cygwin を起動して，次のコマンドを実行します．

```
$ wget $take/diet.py
```

パソコンの電源を，センサーの電源プラグに接続します．電源状態判別装置とパソコンを USB で接続します．次のコマンドを実行してください

```
$ python diet.py
```

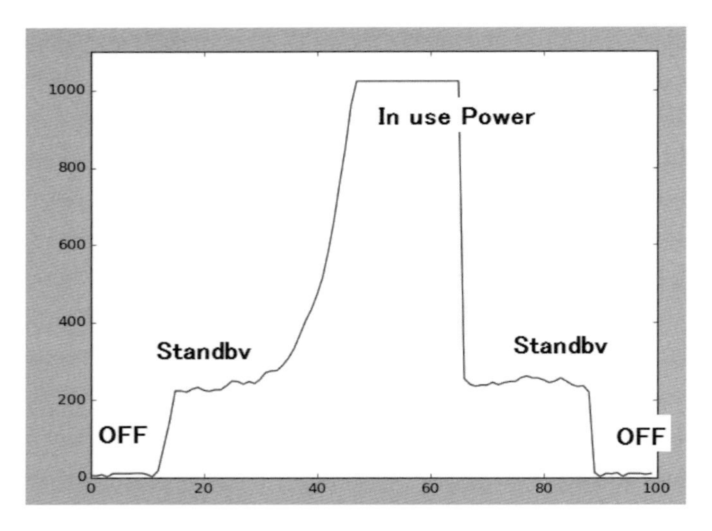

図 2.19　測定した三つの電源状態 (OFF，非充電，充電中)

diet.py

```
import sys, serial
import numpy as np
from time import sleep
from collections import deque
import matplotlib.pyplot as plt
import matplotlib.animation as anime
import datetime,pytz
import serial.tools.list_ports,re,os
ports = list(serial.tools.list_ports.comports())
for p in ports:
 #print p[1]
 m=re.match("USB",p[1])
 if m:
  num=p[1].split('(')[1].split(')')[0]

class AnalogPlot:
  def __init__(self):
      self.ser = serial.Serial(num, 9600,timeout=2.0)
      self.ax = deque([0]*100)
      self.maxLen = 100
```

```
  def addToBuf(self, buf, val):
      if len(buf) < self.maxLen:
          buf.append(val)
      else:
          buf.pop()
          buf.appendleft(val)

  def add(self, data):
      self.addToBuf(self.ax, data[0])

  def update(self, frameNum, a0):
      try:
          data = self.ser.readline().split()
          self.add(data)
          a0.set_data(range(self.maxLen), self.ax)
      except KeyboardInterrupt:
          print('exiting')
      return a0

  def close(self):
      self.ser.flush()
      self.ser.close()

  def init(self):
      data=self.ser.readline()
      sleep(0.9)
      return int(self.ser.readline())

sleep(1)
analogPlot = AnalogPlot()
init=analogPlot.init()
print(str(datetime.datetime.now(pytz.timezone('Asia/Tokyo'))))
while True:
  fig = plt.figure('infrasound')
  ax = plt.axes(xlim=(0, 100), ylim=(0, 1100))
  a0 = ax.plot([], [])
  anim = anime.FuncAnimation(fig, analogPlot.update,
                                    fargs=(a0),interval=200)
  plt.show()
  analogPlot.close()
```

2.7　SPIデバイス（microSDを用いたデータロガー）

SPIインターフェースは，MOSI，MISO，SCK，CSの4本のピンを使います．最近では，microSDカードモジュール基板が100円ほどで売られています[8]．USBシリアルでは，小型のFT231X（18ピン）を使います．
http://www.akizukidenshi.com/catalog/g/gK-06894/

8) Amazonなどで，キーワードをうまく用いて検索してみてください．

このmicroSD基板には，6ピン (GND, VCC, MISO, MOSI, SCK, CS) の接続端子があります．microSD基板とAtmega328PのSPIピンをそれぞれ接続します（図2.20）．microSD回路図を図2.21に示します．

データロガープログラムは，アナログA0のデータを1秒ごとに計測し，計測したデータをlog.txtファイルに書き込んでいきます．毎秒，log.txtファイルを開いて，データを書き込んでからファイルを閉じています．また，計測されたデータはシリアル通信で1秒ごとにUSB経由で転送され，パソコンでデータが表示されます．

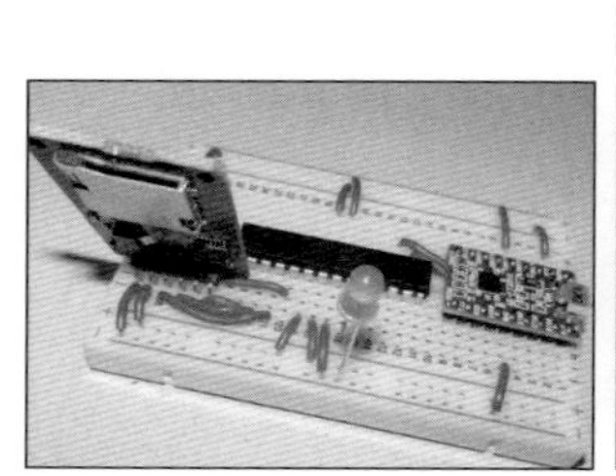
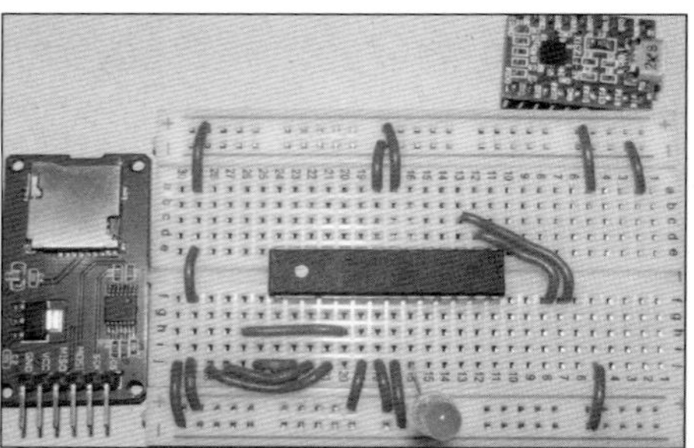

図 2.20　SPIのmicroSDカードを使ったデータロガー

logger.ino

```
/*SD card datalogger
 * SD card attached to SPI bus as follows:
 * MOSI - pin 11
```

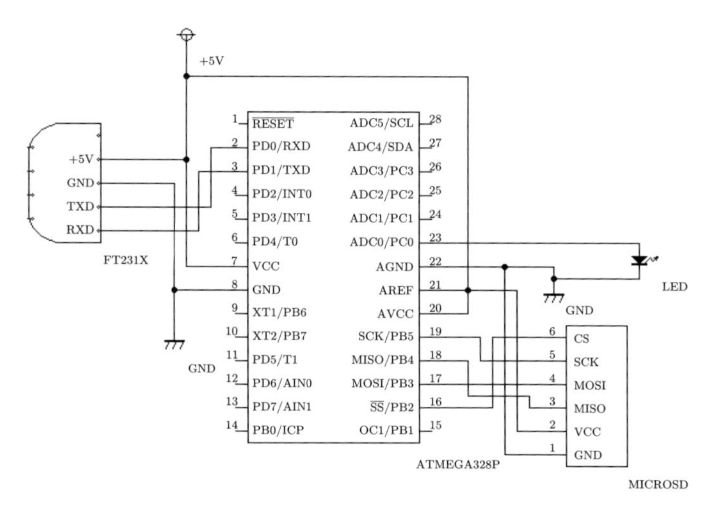

図 **2.21**　SPI の microSD カードを利用したデータロガー回路

```
 * MISO - pin 12
 * CLK - pin 13
 * CS - pin 10
 */
#include <SD.h>
#include <SPI.h>
const int chipSelect = 10;

void setup()
{
  //SPI.setSCK(14);  // Audio shield has SCK on pin 14

  Serial.begin(9600);
   while (!Serial) {
    ; // wait for serial port to connect. Needed for Leonardo only
  }

 if (!SD.begin(chipSelect)) {
    Serial.println("Card failed, or not present");
    // don't do anything more:
    return;
  }
  Serial.println("card initialized.");
```

```
}

void loop()
{
  String dataString = "";

    int sensor = analogRead(A0);
    dataString += String(sensor);

  File dataFile = SD.open("log.txt", FILE_WRITE);

  if (dataFile) {
    dataFile.println(dataString);
    dataFile.close();
    Serial.println(dataString);
    delay(1000);
  }
  else {
    Serial.println("error opening log.txt");
  }
}
```

sd.tar ファイルをダウンロードして，次のコマンドを実行し，sd.hex ファイルを生成します．sd.hex を Atmega328P にフラッシュします．Bash を起動して，次のコマンドを実行していきます．

```
$ wget $take/sd.tar
$ tar xvf sd.tar
$ cd sd
$ make
```

microSD を基板に挿し，データロガーとパソコンを USB 接続すると，Cygwin ターミナルに計測データが表示されます．

Cygwin を起動して，次のコマンドで計測されたデータが表示されます．また，同時に，microSD にデータが書き込まれています．

```
$ picocom /dev/ttySxxx
```
※ xxx は USB のポート番号引く 1 になります．

ポート番号は，デバイスマネージャーで確かめてください．しばらくして，パソコンから USB ケーブルを引き抜き，microSD を該当部に挿して，パソコンにその SD を挿入します．SD のフォルダを見ると，log.txt ファイルに計測されたデータが書き込まれているはずです．画面に表示されたデータと SD の中身を比較します．

SD カードの全ファイルリストの表示（ファイル名とサイズ），ファイルの読み出し，ファイル消去の三つの機能を備えたプログラム (sd.ino) を次に表示します．

sd.ino

```
/* SD card datalogger
 * SD card attached to SPI bus as follows:
 * MOSI - pin 11
 * MISO - pin 12
 * CLK - pin 13
 * CS - pin 10
 */
#include <SD.h>
#include <SPI.h>
String data="";
const int chipSelect = 10;
Sd2Card card;
SdVolume volume;
SdFile root;
File rt;

void setup()
{
Serial.begin(9600);
   while (!Serial) {
     ; // wait for serial port to connect. Needed for Leonardo only
  }
 if (!SD.begin(chipSelect)) {
     Serial.println("Card failed, or not present");
     return;
  }
 if (!card.init(SPI_HALF_SPEED, chipSelect)) {
     Serial.println("initialization failed. Things to check:");
     Serial.println("* is a card inserted?");
```

```
    Serial.println("* is your wiring correct?");
    Serial.println("* did you change the chipSelect pin to match
      your shield or module?");
    return;
  } else {
    Serial.println("Wiring is correct and a card is present.");
  }
}

void loop()
{
char c;
  String dataString = "";
    int sensor = analogRead(A0);
    dataString += String(sensor);

  File dataFile = SD.open("log.txt", FILE_WRITE);

  if (dataFile) {
    dataFile.println(dataString);
    dataFile.close();
  //  Serial.println(dataString);
    delay(1000);
  }
  else {
    Serial.println("error opening log.txt");
  }

if (!volume.init(card)) {
    Serial.println("Could not find FAT16/FAT32 partition.\nMake
      sure you've formatted the card");
    return;
}

while(Serial.available()>0) {
c=Serial.read();
if(c=='l'){root.openRoot(volume);root.ls(LS_R | LS_SIZE); break;}
if(c=='h'){Serial.println("h:help,l:ls,d:rm log.txt,r:tx
  log.txt"); break;}if(c=='d'){ SD.remove("log.txt"); break;}
else if(c=='r'){
```

```
rt=SD.open("log.txt");
Serial.println("log.txt");
while(rt.available()){ Serial.write(rt.read());}
rt.close();
break;}
                             }
}
```

次のコマンドで sd2.hex を生成し，Atmega328P にフラッシュします．

```
$ wget $take/sd2.tar
$ tar xvf sd2.tar
$ cd sd2
$ make
```

図 2.20 の SD ガジェットとポート番号を確認してパソコンへ USB 接続してください．使えるコマンドは，l:ls, r:cat log.txt, d:rm log.txt, h:help の四つです．

2.8 i2c デバイス

i2c バスでは，SCL と SDA の 2 本のピンを使って，複数のスレーブ i2c デバイスを利用することができます．Atmega328 が i2c のマスターとなって，i2c バスに接続されたスレーブにアクセスできます．

i2c バスでは，プルアップ抵抗 (10kΩ) が必要です．すでに i2c デバイスにプルアップ抵抗がある場合は，必要ありません．i2c バスに接続されているデバイスは，デバイス id(address) によって識別してアクセスできます．

i2c デバイスが，Raspberry Pi や NanoPi NEO に接続されている場合は，次のコマンドで，i2c バスに接続されているデバイスの id を表示します．

Raspberry Pi では，

```
$ i2cdetect -y 1
0 1 2 3 4 5 6 7 8 9 a b c d e f
00: -- -- -- -- -- -- -- -- -- -- -- -- --
10: -- -- -- -- -- -- -- -- -- -- -- -- -- -- 1e --
```

```
20: -- -- -- -- -- -- -- -- -- -- -- -- -- -- -- --
30: -- -- -- -- -- -- -- -- -- -- -- -- -- -- -- --
40: -- -- -- -- -- -- -- -- -- -- -- -- -- -- -- --
50: -- -- -- 53 -- -- -- -- -- -- -- -- -- -- -- --
60: -- -- -- -- -- -- -- -- -- 69 -- -- -- -- -- --
70: -- -- -- -- -- -- -- 77
```

NanoPi NEO では，

```
fa@neo:~$ sudo i2cdetect -y 0
0 1 2 3 4 5 6 7 8 9 a b c d e f
00: -- -- -- -- -- -- -- -- -- -- -- -- --
10: -- -- -- -- -- -- -- -- -- -- -- -- -- -- 1e --
20: -- -- -- -- -- -- -- -- -- -- -- -- -- -- -- --
30: -- -- -- -- -- -- -- -- -- -- -- -- -- -- -- --
40: -- -- -- -- -- -- -- -- -- -- -- -- -- -- -- --
50: -- -- -- 53 -- -- -- -- -- -- -- -- -- -- -- --
60: -- -- -- -- -- -- -- -- -- 69 -- -- -- -- -- --
70: -- -- -- -- -- -- -- 77
```

本書では，Arduino デバイスを使って，GY-801(L3G4200D:3 軸ジャイロセンサー，ADXL345:3 軸加速度センサー，HMC5883L：3 軸地磁気センサー，BMP180:気圧センサー)，BME280 (気圧，気温，湿度)，OLED (有機 LED) の事例を第 3 章で紹介します．

i2c バスでは，最大のキャパシタ容量が 400 pF [9] になっています．つまり，デバイスやケーブルの容量が大きくならないように，できるだけ Atmega328 の近くに i2c デバイスを配置させます．

[9] ピコファラド．ピコは 10 のマイナス 12 乗．

Arduino では，i2c バスの default クロック周波数は 100 kHz です．クロックを 400 kHz にするには，次のコマンドで設定できます．

```
Wire.setclock(400000L);
```

【注意】クロック周波数を速くすると，さまざまなトラブルが生じるので，できるだけクロック周波数は default の 100 kHz で i2c バスを使用しましょう．

2.9 USB 通信

低速 USB デバイスをソフトウェアで実装する V-USB のライブラリがあります．V-USB と Arduino を合体させてみました．次のコマンドで，usb328.tar ファイルをダウンロードします．

```
$ wget $take/usb328.tar
$ tar xvf usb328.tar
$ cd usb328
$ make
$ cp build*/*.hex $desk
```

avrdudeGUI を起動して，デスクトップにある usb328.hex ファイルをフラッシュします．また，外部の 16 MHz クリスタル（水晶）を使うので，lfuse を FF に設定します．

test.ino

```
#include <avr/io.h>
#include <avr/wdt.h>
#include <avr/eeprom.h>
#include <avr/interrupt.h>
#include <avr/pgmspace.h>
#include <util/delay.h>
#include "usbdrv.h"
#include "oddebug.h"

uchar usbFunctionSetup(uchar data[8])
{
static uchar replybuf[8];
usbMsgPtr = replybuf;
unsigned char c=data[1];

if(c=='0'){
 pinMode(9,OUTPUT);
 digitalWrite(9,0);
 replybuf[0]=c;
 return 1;}
```

```
else if(c=='1'){
 pinMode(9,OUTPUT);
 digitalWrite(9,1);
 replybuf[0]=c;
 return 1;}
return 0;
}

void setup()
{
    pinMode(9,OUTPUT);
    usbInit();
    sei();
}

void loop()
{
    for(;;){    /* main event loop */
    usbPoll();
        }
}
```

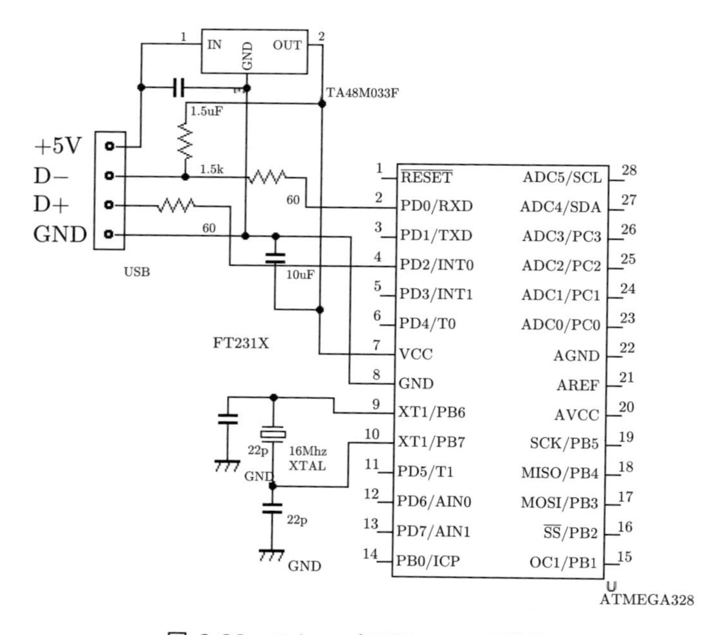

図 **2.22**　スレーブ USB328 の回路図

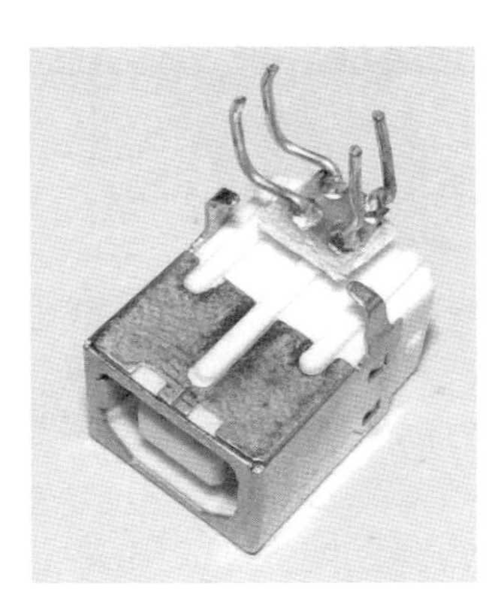

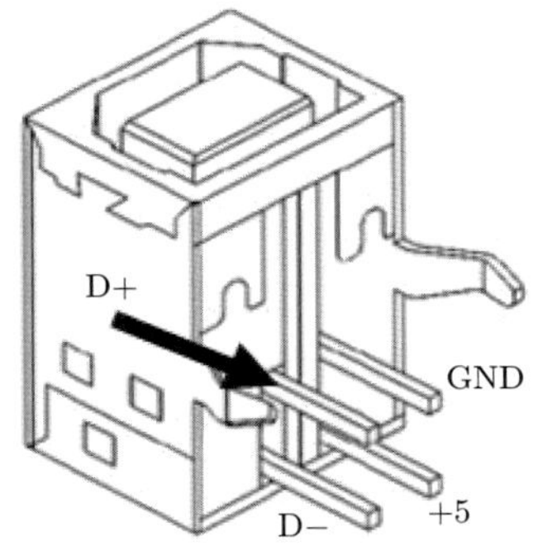

図 **2.23** USB コネクタ

usbFunctionSetup(uchar data[8]) の関数に，スレーブ USB の機能を記述します [10]．ここでは，データ値が送られてきたらデジタル 9 番ピンをにします．データ値 1 が来たら，デジタル 9 番ピンは 1 になります．

usb328 の回路図を図 2.22 に示します．USB インターフェースには 4 本線 (+5 V, D-, D+, GND) があります．3.3 V の 3 端子レギュレータを利用して，スレーブ USB を構築します．D-の信号線は，1.5kΩ でプルアップします．D-と D+の信号線は，60Ω の抵抗で，デジタルピンと INT0（デジタルピン 2）にそれぞれシリアル接続します．16 Mhz の外部クリスタルを XTL1 と XTL2 に接続します．クリスタルの両端に 22 pF のキャパシタを接続します．

マイクロ USB コネクタを使えば，ハンダ付けなしで実現できます．

http://akizukidenshi.com/catalog/g/gK-06656/

または，ミニ USB コネクタを使ってください．

http://akizukidenshi.com/catalog/g/gK-05258/

10) 詳しく知りたい方は，『超低コスト インターネット・ガジェット設計』（オーム社，2008 年）の第 5 章を参照してください．

USB コネクタでハンダ付けした例を図 2.23 に，完成した usb328 を図 2.24 に，それぞれ示します．

ここで，完成した usb328 デバイスを，Cygwin から試してみましょう．Cygwin を起動して，次のコマンドを実行します．pc.c プログラムは，usb328 デバイスに 1 バイトのデータを転送します．

```
$ wget $take/pc.c
```

pc.c プログラムは，C 言語なので，次のコマンドでコンパイルします．

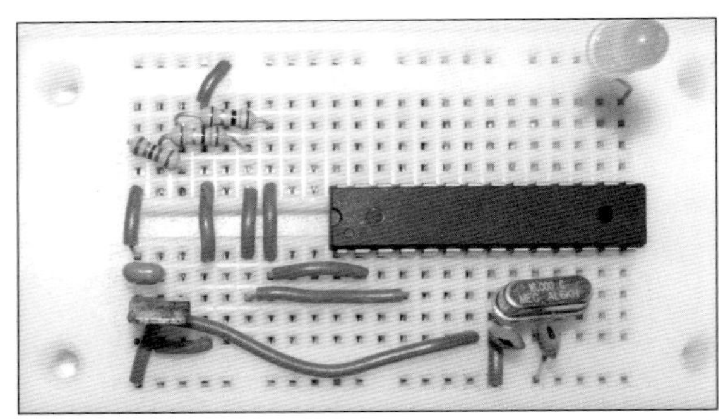

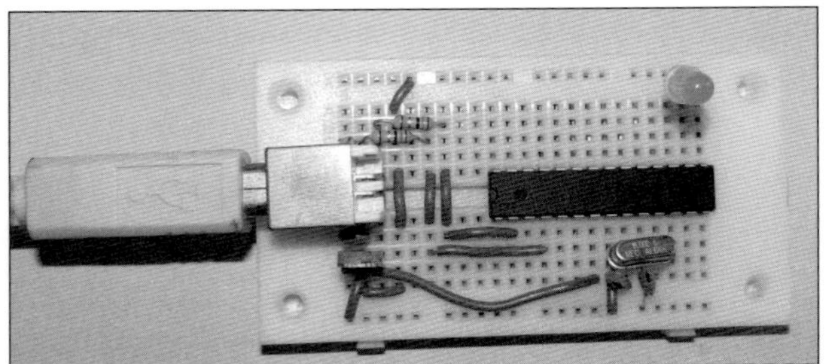

図 **2.24**　完成したスレーブ USB328

```
$ gcc pc.c -lusb -o pc
```

Windows10 では，すべてのデバイスドライバに認証がいるので，その機能を disable します．次の方法を実行して，認証がないデバイスドライバでもインストールできるようにします．

Cygwin のターミナルから，次の再起動コマンドを実行します．“/o” は，小文字のオーです．

```
$ shutdown /r /o /t 0
```

Windows の起動画面で次のように選択していきます：[トラブルシューティング] → [詳細オプション] → [スタートアップ設定] の順です．

Windows が再起動してから，F7 を選択します．デバイスドライバ署名で「強制しない」(7) を選択するために，7 または F7 キーを押します．

次に，デバイスドライバをインストールします．まず，デバイスドライバ windriver.zip をダウンロードします．

```
$ wget $take/windriver.zip
```

ダウンロードした windriver.zip ファイルを unzip すると，usb-ko フォルダが生成されます．

デバイスマネージャーを開いて（Cortana に device manager と入力），誤認識のデバイスドライバを右クリックします．［Update Driver(更新)］を選択し，参照して［デバイスドライバ更新］を選択します．デバイスドライバの一覧から［選択］ボタンをクリックします．［ディスク使用］ボタンをクリックし，usb-ko フォルダを参照して，デバイスドライバをインストールしてください．

製作した usb328 ガジェットとパソコンを USB ケーブルで接続します．正しくデバイスドライバがインストールされていれば（図 2.25 参照），次のコマンドで LED が点灯します．

```
$ ./pc.exe 1
```

次のコマンドを実行すると，LED は消灯します．

```
$ ./pc.exe 0
```

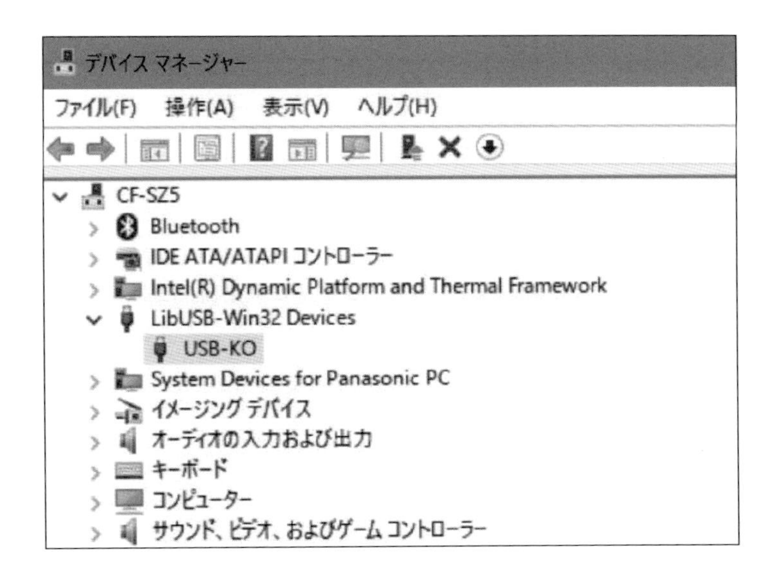

図 2.25　デバイスマネージャー

体験のまとめ

第 2 章では，初心者のための電子回路の基礎を体験しました．センサーの選び方，MOSFET の活用の仕方などは重要なスキルです．Arduino を使った開発では、デジタル入力・出力，アナログ入力例を示しました．また，Arduino デバイスを IoT にするための UART 通信を体験しました．市場で多く売られている i2c センサーの事例や，SPI デバイスの例として microSD の構築例も示しました．次の章では，いよいよ具体的な IoT 設計を体験します．

第3章

IoT設計を体験

本章では，Arduinoデバイスを使った，GY-801センサー（L3G4200D：3軸ジャイロセンサー，ADXL345：3軸加速度センサー，HMC5883L：3軸地磁気センサー，BMP180：気圧センサー），BME280センサー（気圧，気温，湿度を同時計測できるセンサー），OLED（有機LED）の設計を体験します．

IoT：Internet of Thingsの略．インターネットを介してさまざまなものがつながり合うことを意味します．

3.1 赤外線で家電を制御

赤外線を使った家電には，テレビやエアコンなどの赤外線リモコンや，パソコン・携帯電話で使われるIrDAと呼ばれる赤外線データ通信を使った商品などがあります．日本の赤外線リモコンの波長は940〜950 nm，IrDAの波長は850〜900 nmです．ここでは赤外線リモコンを作るので，高輝度赤外線LEDの波長である940 nmに着目します．

日本の赤外線リモコンの通信方式には，NEC方式，家電製品協会方式，SONY方式，JVC専用方式など，数え切れないほど存在します．最悪なことに，同じメーカーですら違った方式を使っているので，家電製品ごとに赤外線リモコンが存在するわけです．

残念ながら，赤外線リモコンを統一できなかったのは，世界をリードしていた日本の家電メーカーの責任だと思います．真空管時代に培ったオープンソースハードウェアの考え方があったら，赤外線リモコンは違う形になっていたでしょう．

本節では，赤外線を使って，エアコン (ON / OFF)，TV (ON / OFF)，JCOMケーブルテレビセットボックス (ON / OFF) の三つの家電製品を制御してみます．

IRLU3410PBF (N-MOSFET：100 V 17 A) は 3 本足の素子です．赤外線リモコン受信モジュール (GP1UXC41QS：電源電圧 2.7〜5.5 V) も 3 本足です．

高輝度赤外線 LED は波長 940 nm のものを購入しましょう．波長 940 nm の LED でないと家電製品と通信できませんので注意が必要です．多くの赤外線リモコンでは，38 kHz 変調技術を使っています．

回路図を図 3.1 に，完成した赤外線リモコンを図 3.2 に示します．

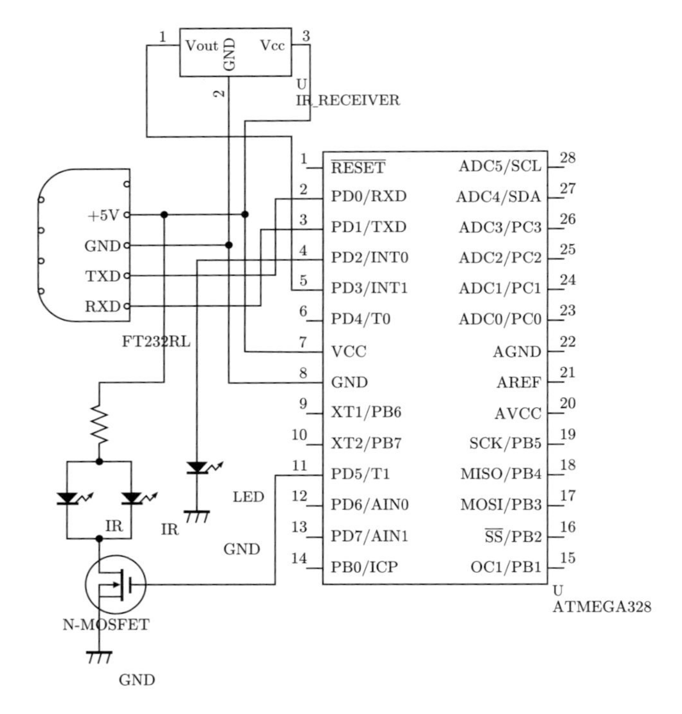

図 3.1　学習型赤外線リモコン回路図

Bash を起動し，aircon.tar ファイルをダウンロードして make した後，aircon.hex ファイルを Atmega328P にフラッシュします．

```
$ wget $take/aircon.tar
$ tar xvf aircon.tar
$ cd aircon
$ make
```

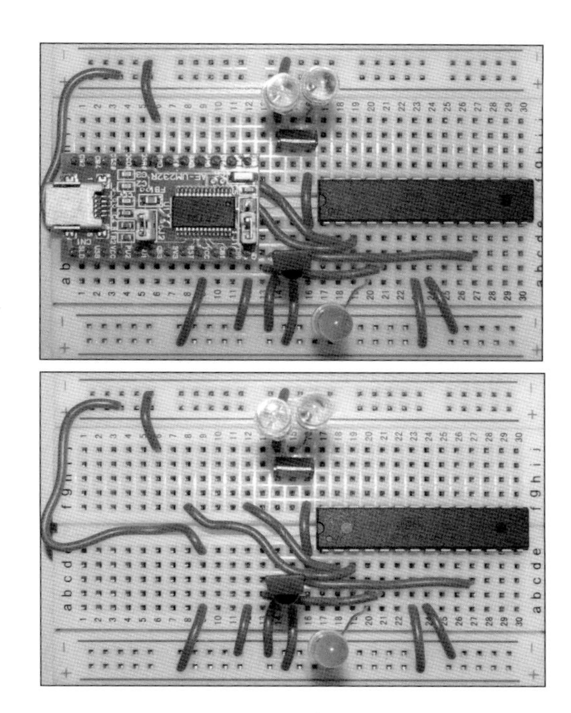

図 3.2 完成した赤外線リモコン
※下の画像は素子で見えなくなる部分の配線を明示するために作成したもの.

```
$ cp build*/aircon.hex $desk
```

Windows デスクトップにある aircon.hex ファイルを，avrdudeGUI を起動して Atmega328P にフラッシュします．組み立てたガジェットをパソコンに USB 接続しましょう．これで，三つの家電製品が制御できます．エアコン (Panasonic CS-36BBE2)，TV(TH-42A5600)，JCOM(HUMAX) のセットトップボックスです．

使い方は，まず Windows で，picocom を起動します．

```
$ picocom /dev/ttySxx
```
※ xx はポート番号から 1 引いた値です．

t と入力すると，TV が ON または OFF します． j と入力すると，JCOM の電源を ON か OFF します． f と入力すると，エアコンの電源を OFF にします． n と入力すると，エアコンを ON します．

他の家電製品や赤外線リモコンの代わりに使いたい場合は， r と入力します．IR_RECEIVER に赤外線リモコンを当て，たとえば，電源ボタンを押すと，画面に多数の数字が表示されます．その表示された数字をコピー・アンド・ペーストして，定数として定義します．

たとえば，TV の電源ボタンを押すと，次のように数字が表示されるので，PROGMEM 修飾子を変数宣言することで，フラッシュメモリから定数を読み出せます．PROGMEM const byte tv[ ]={36,17,. . . ,12,4,0}; のように定数 tv[ ] を定義します．

```
36,17,4,4,4,12,4,4,4,4,4,3,4,3,4,3,4,4,4,3,4,3,4,4,4,3,4,3,4,12,4,3,4,4,4,3,4,3,4,
3,4,3,4,4,4,3,4,3,4,13,4,3,4,4,4,3,4,3,4,4,4,3,4,3,4,3,4,12,4,4,4,12,4,12,4,12,4,
12,4,4,4,4,4,12,4,4,4,12,4,12,4,12,4,12,4,3,4,12,4,228,36,17,4,4,4,12,4,3,4,3,4,
4,4,4,4,3,4,4,4,4,4,3,4,3,4,3,4,4,4,12,4,3,4,3,4,3,4,4,4,3,4,3,4,4,4,3,4,3,4,12,4,
3,4,4,4,3,4,3,4,4,4,3,4,3,4,3,4,12,4,4,4,13,4,12,4,12,4,12,4,4,4,4,4,12,4,3,4,12,
4,12,4,12,4,13,4,3,4,12,4,228,36,17,4,3,4,12,4,3,4,3,4,3,4,3,4,4,4,3,4,3,4,4,4,3,
4,4,4,3,4,12,4,3,4,4,4,3,4,3,4,4,4,4,4,3,4,3,4,3,4,12,4,4,4,3,4,3,4,3,4,4,4,3,4,3,
4,3,4,12,4,4,4,12,4,12,4,12,4,13,4,4,4,4,4,12,4,3,4,12,4,12,4,12,4,12,4,3,4,12,
4,0
```

aircon.ino

```
#define IR_DATA_SIZE 443
byte ir_data[IR_DATA_SIZE];
PROGMEM const byte on[]={35,17,5,3,5,12,4,3,5,3,4,3,5,3,4,3,5,3,
  4,3,4,3,4,3,4,3,4,3,4,12,4,3,5,3,5,3,4,3,5,3,5,3,5,3,4,12,4,12,
  4,12,4,3,4,3,4,12,4,3,4,3,4,3,4,3,4,3,5,3,5,3,4,3,5,3,4,3,4,3,
  4,3,5,3,5,3,5,3,4,3,4,3,4,3,5,3,5,3,4,3,5,3,4,3,4,3,5,3,5,3,5,
  3,4,3,4,3,5,3,5,12,5,12,4,3,5,3,4,3,5,3,4,3,4,99,35,17,4,3,5,
  12,4,3,5,3,5,3,4,3,5,3,5,3,4,3,4,3,4,3,5,3,4,3,5,12,4,3,5,3,4,
  3,4,3,4,3,4,3,5,3,5,12,4,12,4,12,5,3,5,3,5,12,5,3,5,3,4,3,5,3,
  5,3,4,3,4,3,5,3,4,3,5,3,5,3,4,3,4,3,4,12,5,3,4,3,4,3,4,12,5,12,
  4,3,5,3,5,3,4,12,4,3,4,3,4,12,4,12,4,3,4,3,4,3,5,3,5,3,4,3,4,3,
  5,3,5,3,4,12,4,12,4,12,4,12,4,12,4,12,4,12,4,3,4,3,4,3,4,3,4,3,
  5,3,4,3,4,3,4,3,4,3,4,3,4,3,4,3,4,3,5,3,4,3,4,3,4,3,5,3,4,12,4,
  12,4,3,4,3,4,3,4,3,4,3,4,3,4,3,4,3,4,3,4,3,4,12,4,12,4,3,4,3,4,
  3,4,3,4,3,4,3,5,12,5,3,4,3,4,3,4,3,4,3,4,3,5,3,4,3,5,3,5,3,4,3,
  5,3,4,3,4,3,4,3,4,3,4,3,5,12,5,3,5,3,4,3,4,3,5,3,4,3,4,3,4,3,5,
  3,4,12,5,12,4,3,5,3,5,3,5,3,5,3,4,3,5,3,4,12,5,3,4,12,5,12,4,3,
  5,3,5,231,1,0};
```

```
PROGMEM const byte off[]={36,3,1,11,4,3,4,12,5,3,4,3,4,3,4,3,4,3,
  4,3,4,3,4,3,4,3,4,3,4,3,4,12,4,3,4,3,4,3,4,3,4,3,4,3,4,3,4,12,
  4,12,4,12,5,3,5,3,5,12,5,3,4,3,4,3,4,3,4,3,4,3,4,3,4,3,4,3,4,3,
  4,3,4,3,4,3,4,3,4,3,4,3,4,3,4,3,4,3,5,3,4,3,4,3,5,3,4,3,4,3,4,
  3,4,3,4,3,5,3,5,3,4,12,4,12,4,3,5,3,4,3,4,3,4,3,4,100,35,17,4,
  3,4,12,4,3,4,3,4,3,4,3,5,3,4,3,4,3,4,3,4,3,5,3,4,3,4,12,4,3,4,
  3,4,3,4,3,4,3,4,3,4,3,4,12,5,12,4,12,5,3,5,3,4,12,4,3,4,3,5,3,
  4,3,4,3,4,3,5,3,4,3,4,3,4,3,4,3,4,3,4,3,4,3,4,3,4,3,4,3,4,12,4,
  12,4,3,5,3,4,3,4,12,5,3,4,3,4,12,5,12,4,3,5,3,4,3,4,3,5,3,5,3,
  5,3,4,3,5,3,4,12,5,12,4,12,6,11,4,12,4,12,4,12,5,3,5,3,4,3,4,3,
  5,3,4,3,5,3,4,3,4,3,4,3,4,3,5,3,4,3,5,3,5,3,5,3,5,3,4,3,5,3,5,
  12,5,12,4,3,4,3,4,3,4,3,4,3,4,3,4,3,4,3,5,3,4,3,4,12,4,12,4,3,
  4,3,4,3,5,3,4,3,4,3,4,12,4,3,4,3,4,3,4,3,5,3,4,3,4,3,4,3,4,3,5,
  3,4,3,5,3,4,3,5,3,5,3,5,3,5,3,5,12,5,3,4,3,4,3,4,3,5,3,4,3,4,3,
  5,3,4,3,4,12,4,12,5,3,4,3,4,3,5,3,5,3,4,12,5,12,4,3,4,3,4,12,5,
  11,4,3,4,3,5,0};

PROGMEM const byte tv[]={36,17,4,4,4,12,4,4,4,4,4,3,4,3,4,3,4,4,
  4,3,4,3,4,4,4,3,4,3,4,12,4,3,4,4,4,3,4,3,4,3,4,3,4,4,4,3,4,3,4,
  13,4,3,4,4,4,3,4,3,4,4,4,3,4,3,4,3,4,12,4,4,4,12,4,12,4,12,4,
  12,4,4,4,4,4,12,4,4,4,12,4,12,4,12,4,12,4,3,4,12,4,228,36,17,4,
  4,4,12,4,3,4,3,4,4,4,4,4,3,4,4,4,4,4,3,4,3,4,3,4,4,4,12,4,3,4,
  3,4,3,4,4,4,3,4,3,4,4,4,3,4,3,4,12,4,3,4,4,4,3,4,3,4,4,4,3,4,3,
  4,3,4,12,4,4,4,13,4,12,4,12,4,12,4,4,4,4,4,12,4,3,4,12,4,12,4,
  12,4,13,4,3,4,12,4,228,36,17,4,3,4,12,4,3,4,3,4,3,4,3,4,4,4,3,
  4,3,4,4,4,3,4,4,4,3,4,12,4,3,4,4,4,3,4,3,4,4,4,4,4,3,4,3,4,3,4,
  12,4,4,4,3,4,3,4,3,4,4,4,3,4,3,4,3,4,12,4,4,4,12,4,12,4,12,4,
  13,4,4,4,4,4,12,4,3,4,12,4,12,4,12,4,12,4,3,4,12,4,0};

PROGMEM const byte jcom[]={35,17,5,12,5,3,5,3,4,3,5,3,5,3,5,3,5,
  3,4,3,5,12,5,3,4,12,5,3,5,12,5,3,5,12,5,12,5,3,5,3,5,3,5,3,5,
  12,5,3,5,12,5,3,5,12,4,3,5,3,5,12,5,3,4,3,5,3,5,3,5,3,4,3,5,3,
  5,3,5,3,5,3,4,3,5,3,5,3,5,3,5,12,5,12,5,3,5,3,5,3,5,237,35,16,
  5,12,5,3,5,3,5,3,5,3,5,3,5,3,5,3,5,3,5,12,5,3,5,12,5,3,5,12,5,
  3,4,12,5,12,5,3,5,3,5,3,5,3,5,12,5,3,5,12,5,3,5,12,5,3,5,3,5,
  12,5,3,5,3,5,3,5,3,4,3,5,3,5,3,5,3,5,3,4,3,5,3,5,3,5,3,5,3,4,
  12,5,12,5,3,5,3,5,3,5,237,36,16,5,12,5,3,5,3,5,3,5,3,5,3,5,3,5,
  3,5,3,5,12,5,3,5,12,5,3,5,12,5,3,5,12,5,12,5,3,5,3,5,3,5,3,5,
  12,5,3,5,12,5,3,5,12,5,3,4,3,5,12,5,3,4,3,5,3,5,3,5,3,5,3,4,3,
```

```
  5,3,5,3,5,3,5,3,4,3,5,3,5,3,5,12,5,12,5,3,5,3,4,3,5,0};

#define PIN_LED 2
#define PIN_IR_IN 3
#define PIN_IR_OUT 5

void ir_read(byte ir_pin){
  unsigned int i, j;
  for(i = 0; i < IR_DATA_SIZE; i++){
    ir_data[i] = 0;
  }
  unsigned long now, last, start_at;
  boolean stat;
  start_at = micros();
  while(stat = digitalRead(ir_pin)){
    if(micros() - start_at > 2500000) return;
  }
  start_at = last = micros();
  for(i = 0; i < IR_DATA_SIZE; i++){
    for(j = 0; ; j++){
      if(stat != digitalRead(ir_pin)) break;
      if(j > 65534) return;
    }
    now = micros();
    ir_data[i] = (now - last)/100;
    last = now;
    stat = !stat;
  }
}

void ir_print(){
  unsigned int i;
  for(i = 0; i < IR_DATA_SIZE; i++){
    Serial.print(ir_data[i]);
    if(ir_data[i] < 1) break;
    Serial.print(",");
  }
  Serial.println();
}
```

```
void air_on(byte ir_pin){
  unsigned int i;
  unsigned long interval_sum, start_at;
  interval_sum = 0;
  start_at = micros();
  for(i = 0; i < IR_DATA_SIZE; i++){
    if(pgm_read_byte(&on[i]) < 1) break;
    interval_sum += pgm_read_byte(&on[i]) * 100;
    if(i % 2 == 0){
      while(micros() - start_at < interval_sum){
        digitalWrite(ir_pin, true);
        delayMicroseconds(6);
        digitalWrite(ir_pin, false);
        delayMicroseconds(8);
      }
    }
    else{
      while(micros() - start_at < interval_sum);
    }
  }
}

void air_off(byte ir_pin){
  unsigned int i;
  unsigned long interval_sum, start_at;
  interval_sum = 0;
  start_at = micros();
  for(i = 0; i < IR_DATA_SIZE; i++){
    if(pgm_read_byte(&off[i]) < 1) break;
    interval_sum += pgm_read_byte(&off[i]) * 100;
    if(i % 2 == 0){
      while(micros() - start_at < interval_sum){
        digitalWrite(ir_pin, true);
        delayMicroseconds(6);
        digitalWrite(ir_pin, false);
        delayMicroseconds(8);
      }
    }
    else{
      while(micros() - start_at < interval_sum);
```

```
        }
    }
}

void ir_tv(byte ir_pin){
  unsigned int i;
  unsigned long interval_sum, start_at;
  interval_sum = 0;
  start_at = micros();
  for(i = 0; i < IR_DATA_SIZE; i++){
    if(pgm_read_byte(&tv[i]) < 1) break;
    interval_sum += pgm_read_byte(&tv[i]) * 100;
    if(i % 2 == 0){
      while(micros() - start_at < interval_sum){
        digitalWrite(ir_pin, true);
        delayMicroseconds(6);
        digitalWrite(ir_pin, false);
        delayMicroseconds(8);
      }
    }
    else{
      while(micros() - start_at < interval_sum);
    }
  }
}

void ir_jcom(byte ir_pin){
  unsigned int i;
  unsigned long interval_sum, start_at;
  interval_sum = 0;
  start_at = micros();
  for(i = 0; i < IR_DATA_SIZE; i++){
    if(pgm_read_byte(&jcom[i]) < 1) break;
    interval_sum += pgm_read_byte(&jcom[i]) * 100;
    if(i % 2 == 0){
      while(micros() - start_at < interval_sum){
        digitalWrite(ir_pin, true);
        delayMicroseconds(6);
        digitalWrite(ir_pin, false);
        delayMicroseconds(8);
```

```
      }
    }
    else{
      while(micros() - start_at < interval_sum);
    }
  }
}

void process_input(char input){
  if(input == 'r'){
    digitalWrite(PIN_LED, true);
    ir_read(PIN_IR_IN);
    Serial.println("READ_IR");
    ir_print();
    digitalWrite(PIN_LED, false);
  }
  else if(input == 'n'){
    digitalWrite(PIN_LED, true);
    air_on(PIN_IR_OUT);
    Serial.println("AIRCON_ON");
    digitalWrite(PIN_LED, false);
  }
  else if(input == 'f'){
    digitalWrite(PIN_LED, true);
    air_off(PIN_IR_OUT);
    Serial.println("AIRCON_OFF");
    digitalWrite(PIN_LED, false);
  }
  else if(input == 't'){
    digitalWrite(PIN_LED, true);
    ir_tv(PIN_IR_OUT);
    Serial.println("TV_ON_OFF");
    digitalWrite(PIN_LED, false);
  }
  else if(input == 'j'){
    digitalWrite(PIN_LED, true);
    ir_jcom(PIN_IR_OUT);
    Serial.println("JCOM_ON_OFF");
    digitalWrite(PIN_LED, false);
  }
```

```
}

void setup(){
  Serial.begin(9600);
  pinMode(PIN_IR_IN, INPUT);
  pinMode(PIN_IR_OUT, OUTPUT);
  pinMode(PIN_LED, OUTPUT);
}

void loop(){
  if(Serial.available()){
    char recv = Serial.read();
    process_input(recv);
  }
}
```

3.2 ドローンの制御素子を使ってみよう (GY-801)

ドローンの普及のおかげで，ドローンを制御するセンサーが急激に安くなりました．GY-801 は人気のあるセンサーで，四つのセンサーから成っています（L3G4200D：3 軸ジャイロセンサー，ADXL345：3 軸加速度センサー，HMC5883L：3 軸地磁気センサー，BMP180：気圧センサー）．

GY-801 には，四つのセンサーが搭載されているのに，AliExpress で 800 円ぐらいで販売されています．昔は GY-80 という製品が売られていたのですが，気圧センサー (BMP085) が最新の BMP180 に変わっているだけで，後は同じです．BMP180 は，BMP085 のアッパーコンパチブルな（上位互換性のある）モデルなので，どちらの製品でも同じソフトウェアが動作します．世の中，不思議なもので，性能の良い GY-801 のほうが GY-80 よりもかなり安いことが納得いきません．

Bash を起動し，adxl345.tar ファイルをダウンロードして make した後，デスクトップ上の adxl345.hex を avrdudeGUI で Atmega328P にフラッシュします．

```
$ wget $take/adxl345.tar
$ tar xvf adxl345.tar
$ cd adxl345
```

```
$ make
$ scp build*/adxl345.hex $desk
```

```
$ wget $take/bcubec.py
$ python -i bcubec.py
```

図 3.3 に ADXL345 を使ったロールとピッチ計測回路，図 3.4 にロールとピッチを 3D 表示した画面を示します．

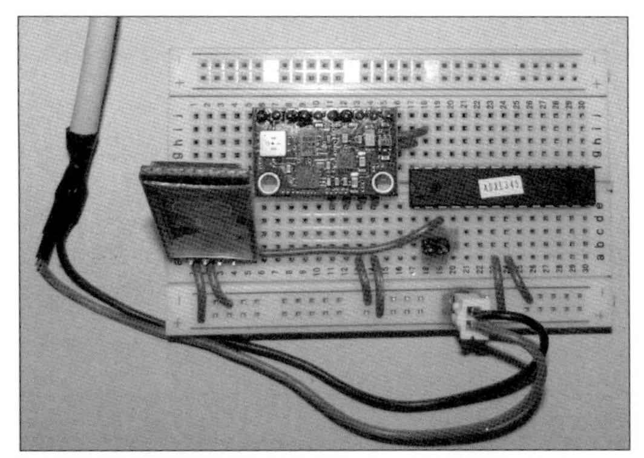

図 3.3 ADXL345 を使った，ロールとピッチ計測回路

今度は，四つのセンサーに対応した gy80.tar をダウンロードし，同様に Atmega328P にフラッシュします．

```
$ wget $take/gy80.tar
```

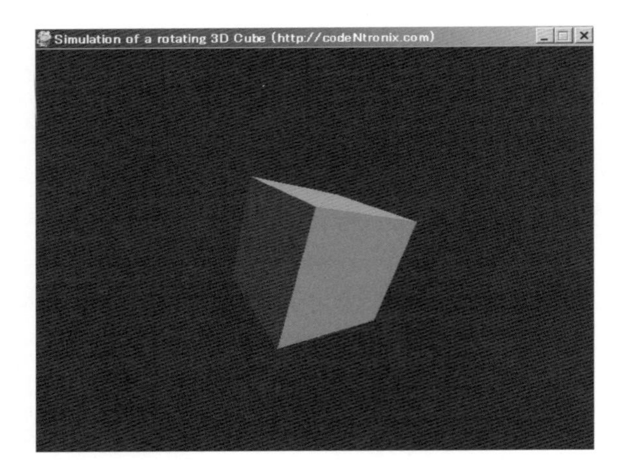

図 **3.4** ロールとピッチの 3D 表示

```
$ tar xvf gy80.tar
$ cd gy80
$ make
$ scp build*/gy80.hex $desk
```

デジタル 7 番ピンと 8 番ピンで，四つの機能を選ぶことができます．

```
(7, 8)=(0,0)---> ADXL345
(7, 8)=(0,1)---> HMC5883L
(7, 8)=(1,1)---> BMP180
(7, 8)=(1,0)---> L3G4200D
```

設定を変えて，いろいろ遊んでみてください．

gy80.ino

```
#include <Wire.h>
#include "BMP085.h"
#include "ADXL345.h"
#define address 0x1E //HMC5883
const float alpha = 0.5;
double fXg = 0;double fYg = 0;double fZg = 0;
ADXL345 acc;
```

```
BMP085 bmp;
#include "L3G4200D.h"
L3G4200D gyro;

void setup() {
  acc.begin();
  Serial.begin(9600);
  bmp.begin();
  //Put the HMC5883 IC into the correct operating mode
  Wire.begin();
  Wire.beginTransmission(address);
                                  //open communication with HMC5883
  Wire.write(0x02); //select mode register
  Wire.write(0x00); //continuous measurement mode
  Wire.endTransmission();
  gyro.enableDefault();
 pinMode(7,INPUT_PULLUP);
 pinMode(8,INPUT_PULLUP);
}

void loop() {
        double pitch, roll, Xg, Yg, Zg;
        acc.read(&Xg, &Yg, &Zg);
  int x,y,z; //triple axis data
if (digitalRead(7)==LOW && digitalRead(8)==LOW){
        //Low Pass Filter
        fXg = Xg * alpha + (fXg * (1.0 - alpha));
        fYg = Yg * alpha + (fYg * (1.0 - alpha));
        fZg = Zg * alpha + (fZg * (1.0 - alpha));
        //Roll & Pitch Equations
        roll  = (atan2(-fYg, fZg)*180.0)/M_PI;
        pitch = (atan2(fXg, sqrt(fYg*fYg + fZg*fZg))*180.0)/M_PI;
        Serial.print(pitch);
        Serial.print(",");
        Serial.println(roll);
}
if (digitalRead(7)==LOW && digitalRead(8)==HIGH){
  Wire.beginTransmission(address);
  Wire.write(0x03); //select register 3, X MSB register
  Wire.endTransmission();
```

```
    Wire.requestFrom(address, 6);
    if(6<=Wire.available()){
      x = Wire.read()<<8; //X msb
      x |= Wire.read(); //X lsb
      z = Wire.read()<<8; //Z msb
      z |= Wire.read(); //Z lsb
      y = Wire.read()<<8; //Y msb
      y |= Wire.read(); //Y lsb
    }
    Serial.print(x);
          Serial.print(",");
    Serial.print(y);
          Serial.print(",");
    Serial.println(z);
  }
  if (digitalRead(7)==HIGH&& digitalRead(8)==HIGH){
      Serial.print(bmp.readTemperature());
      Serial.print(",");
      Serial.println(bmp.readPressure());
  }
  if (digitalRead(7)==HIGH&& digitalRead(8)==LOW){
    gyro.read();
    Serial.print((int)gyro.g.x);
          Serial.print(",");
    Serial.print((int)gyro.g.y);
          Serial.print(",");
    Serial.println((int)gyro.g.z);
  }
  delay(200);
  }
```

3.3 気象を観測してみよう (BME280+サーボモーター)

BME280 とサーボモーターを使いこなしてみましょう．完成した作品を図 3.5 に，回路図を図 3.6 に示します．BME280 モジュール（4 ピン基板実装済み）は，4 ドルから 5 ドルで購入できます．サーボモーター (SG90) は，

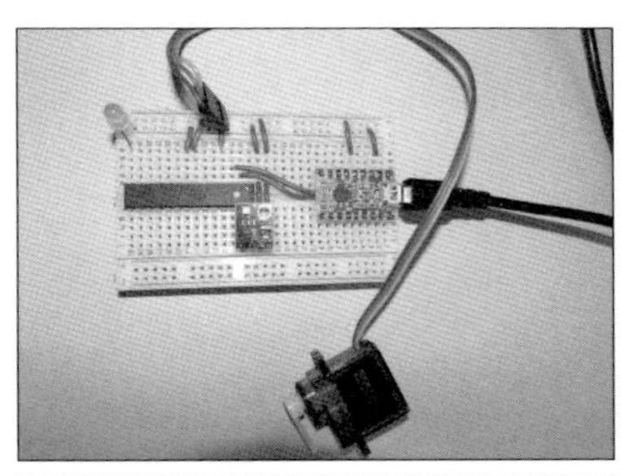

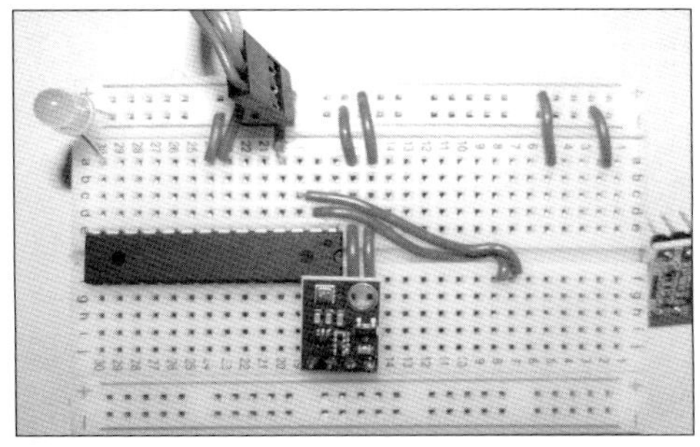

図 3.5 BME280+サーボモーター+LED

※下の画像は素子で見えなくなる部分の配線を明示するために作成したもの.

AliExpress で，1 ドルから 2 ドルで購入できます.

Bash を起動して，次のコマンドを実行します.

```
$ wget $take/bme280_servo.tar
$ tar xvf bme280_servo.tar
$ cd bme280_servo
$ make
bme280_servo.hex を Atmega328P にフラッシュします.
```

BME280_servo 回路をパソコンに USB 接続し，Cygwin を立ち上げます.

```
$ picocom /dev/ttySxxx –omap crcrlf
```
※ xxx はポート番号引く 1 です

`n` と入力すると，LED が点灯します. `f` と入力すると，LED が消灯します. `w` と入力すると，気温，気圧，湿度が表示されます.

```
t=22.99
p=1015.73
h=53.54
```

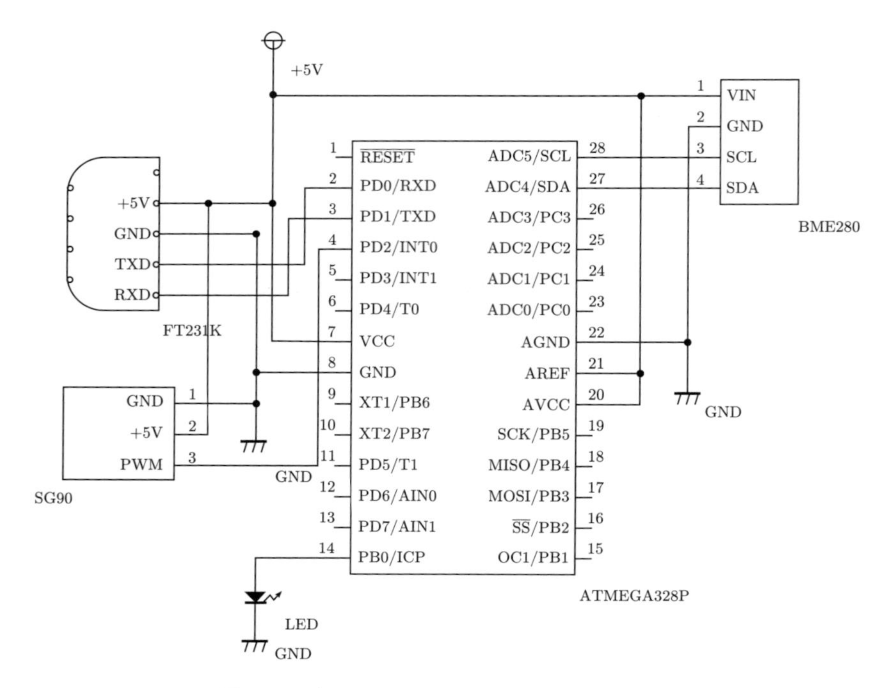

図 **3.6**　BME280+サーボモーターの回路図

数字だけを入力して Enter キーを押すと，サーボが動きます．

0 + Enter キー

180 + Enter キー

0 から 180 の間の整数を入力して，Enter キーを押せばサーボが動作します．Windows7 または Window8.1 では，picocom のコマンドを次のようにしてください．

$ picocom /dev/ttySxxx –imap lfcrlf –omap crcrlf

bme280.ino

```
#include <Wire.h>
#include <SSCI_BME280.h>
#include <Servo.h>

String data;
Servo myservo;
```

```
SSCI_BME280 bme280;

void setup()
{
  uint8_t osrs_t = 1;             //Temperature oversampling x 1
  uint8_t osrs_p = 1;             //Pressure oversampling x 1
  uint8_t osrs_h = 1;             //Humidity oversampling x 1
  uint8_t bme280mode = 3;         //Normal mode
  uint8_t t_sb = 5;               //Tstandby 1000ms
  uint8_t filter = 0;             //Filter off
  uint8_t spi3w_en = 0;           //3-wire SPI Disable
pinMode(8,OUTPUT);
  Serial.begin(9600);
  Wire.begin();
  bme280.setMode(osrs_t, osrs_p, osrs_h, bme280mode, t_sb,
    filter, spi3w_en);

  bme280.readTrim();
myservo.attach(2);
}

void loop()
{
  double temp_act, press_act, hum_act;
  bme280.readData(&temp_act, &press_act, &hum_act);
char c;
while(Serial.available()>0) {
c=Serial.read();
if(c=='w'){
  Serial.print("t=");
  Serial.println(temp_act);
  Serial.print("p=");
  Serial.println(press_act);
  Serial.print("h=");
  Serial.println(hum_act);
break; }
else if(c=='n'){ digitalWrite(8,1); break;}
else if(c=='f'){ digitalWrite(8,0); break;}
else if(c!='\n'){ data +=c; }
else { int i=data.toInt();myservo.write(i);data="";break;}
```

```
                        }
}
```

ちょっと便利なプログラムを紹介します．いちいちポート番号を確認するのは面倒なので，port.py というプログラムを作成しました．

$ wget $take/port.py

$ python port.py と実行すると，USB のポート番号が表示されます．試してみてください．

USB Serial Port (COM30)

COM30

3.4 有機 LED に表示してみよう (OLED)

128 × 64 ドットの有機 LED ディスプレイをもつ 128x64 OLED が 2 ドルほどで AliExpress から購入できます．arduino プログラムをダウンロードしてから，128x64LED_BY.hex を生成し，Atmega328P にフラッシュします．実際の回路を図 3.7 に，回路図を図 3.8 に示します．128x64 OLED は 4 ピン (GND, VDD, SCK, SDA) で，128x64 OLED の SCK は Atmega328P の SCL，SDA は SDA に接続します．

$ wget $take/128x64led_by.tar

$ tar xvf 128x64led_by.tar

$ cd 128x64LED_BY

$ make

Cygwin を立ち上げて，次のコマンドを実行します．$ python port.py でポート番号を確認します．

$ picocom /dev/ttySxxx –omap crcrlf　※ xxx はポート番号引く 1 です

ここで，文字を入力します．

takefuji yoshiyasu

Enter キーを最後に押します．打った文字が表示されれば，成功です．

図 **3.7** 128 × 64 有機 LED の実行風景

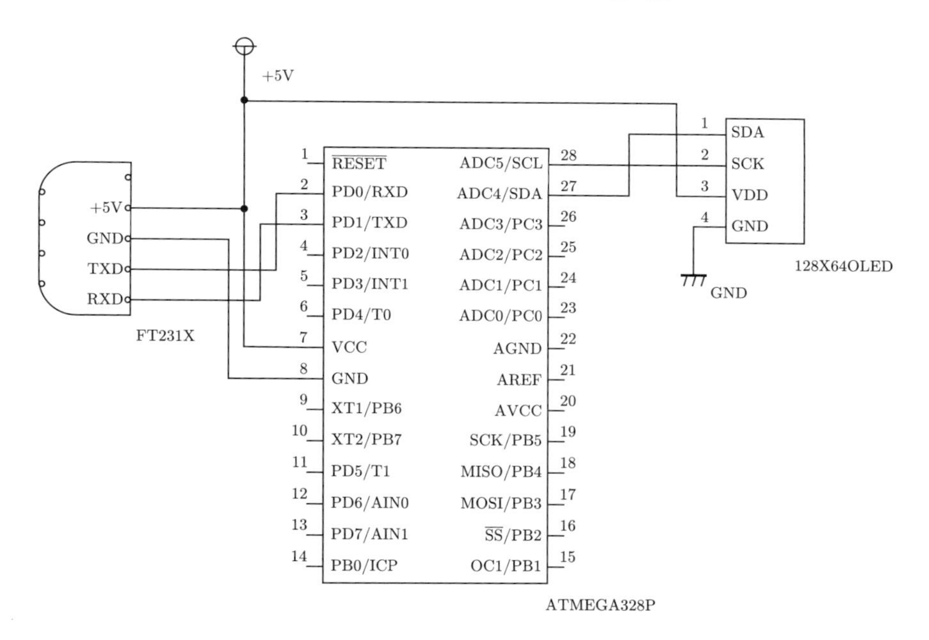

図 **3.8** 128x64 有機 LED の回路図

3.5 GPS を使ってリアルタイムに地図表示

本節では,「みちびき」対応の GPS モジュール GYSFDMAXB を体験します.

http://www.akizukidenshi.com/catalog/g/gK-09991/

また，簡単にパソコンでテストする方法も体験します．リアルタイムに地図を表示しながら，現在位置を教えてくれます．このGPSには，6ピンの接続端子があります（5V, GND, RXD, TXD, 1pps；図3.9）．ここでは，5V, GND, TXDの3本を使います．

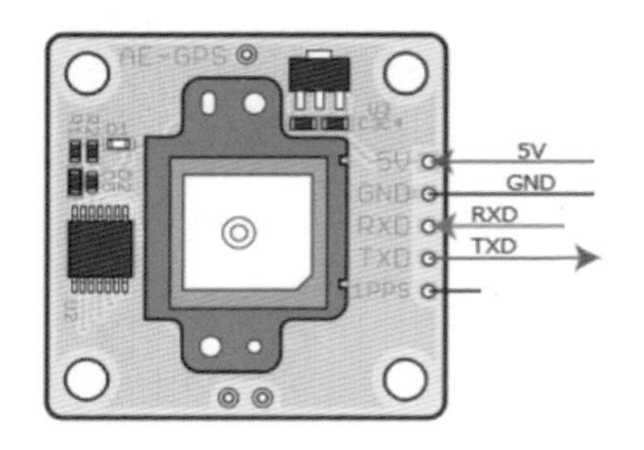

図 3.9　GPSのピン配置

パソコンとGPSを接続するために，USBシリアル変換ケーブルを使います．FTDIケーブルのほうがPL2303よりも確実に安定しますが，PL2303ケーブルはAmazonから200円ぐらいで購入できます．ただし，PL2303は，Windows OSをBlue-Screenにする場合があります．FTDIとPL2303各変換ケーブルのピン配置を図3.10に示します．

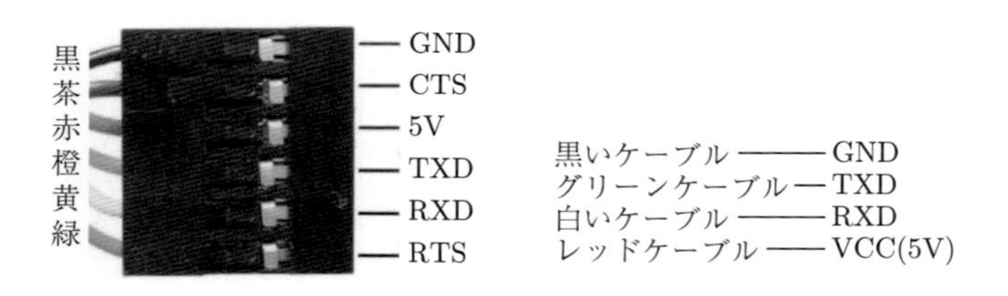

図 3.10　FTDIとPL2303各変換ケーブルのピン配置

パソコンにUSB変換ケーブルを接続し，シリアルポート番号を確認してから，次のコマンドを実行します（図3.11）．

```
$ python port.py (ポート番号を確認します)
$ wget $take/map.tar
$ tar xvf map.tar
```

図 3.11　USB 変換ケーブルと GPS の接続

```
$ cd map
```

GPS の LED がフラッシュしたら，次のコマンドを実行します．

```
$ python -i gps.py
```

経度と緯度が表示し始めたら，Cygwin ターミナルをもう一つ立ち上げて，以下のように入力します．

```
139.xxxxx
35.yyyy
```

さらに，次のコマンドを実行します．

```
$ cd map
$ firefox gmap.html
```

パソコンがインターネットに接続してあれば，常に地図を表示しながら，現在位置も表示してくれます．

gmap.html の zoom のパラメータを大きくすれば詳細地図を表示します．zoom の値を小さくすれば，広域の地図になります．zoom: 10 の場合の地図を図 3.12 に表示します．

g.py は，NEO-M8N の GPS のプログラムになります．Google Map 以外に，Yahoo!地図でも動作するようにしました．

```
$ python -i g.py
```

地図データ©2016 Google, ZENRIN

図 3.12　zoom:10 の場合のリアルタイム地図表示

Yahoo! 地図を利用するには，アプリケーション ID が必要になります．Yahoo! アプリケーションの ID を得るには，次のサイトにアクセスし，アカウントを作ります．

http://developer.yahoo.co.jp/

次に，下記サイトにアクセスし，［新しいアプリケーションを開発］ボタンを押して，アプリケーションを適当に作ります．

https://e.developer.yahoo.co.jp/dashboard/

ここでは，次のように登録しました．

アプリケーション名：map
サイト URL: http://example.com/
コールバック URL: http://developer.yahoo.co.jp/start/

ymap.html ファイルの your_application_ID と登録したアプリケーション ID とを置き換えてください．次のコマンドで，ymap.html を実行します．

```
$ firefox ymap.html
```

体験のまとめ

第3章では，IoTデバイスの設計事例として，赤外線で制御する家電，ドローンで使われているセンサーシステム，BME280デバイスを用いた最新の気象観測システム，有機LEDを使った表示装置，GPSと地図を連動させたリアルタイムシステムなどの設計・構築を体験しました．次の章では少し趣向を変えて，インターネットからの自動情報収集を体験します．

第4章

インターネットからの自動情報収集を体験

本章では，インターネットを使って自動的に情報収集するための三つのツール GoogleScraper，py-web-search, TwitterSearch を体験します．

4.1 インターネット検索エンジンの活用

4.1.1 GoogleScraper

GoogleScraper は，検索エンジンを介して Web 上の情報を自動収集するための Python モジュールです．GoogleScraper をインストールする前に，まず Python をインストールします．次のコマンドを実行して Python3.5.2 [1] をシステムにインストールしてから GoogleScraper をインストールします．

```
$ wget https://www.python.org/ftp/python/3.5.2/Python-3.5.2.tgz
$ tar xvf Python-3.5.2.tgz
$ cd Python-3.5.2
$ ./configure
$ make
$ sudo make install
$ wget https://bootstrap.pypa.io/get-pip.py
$ sudo ./python get-pip.py
$ sudo pip3.5 install GoogleScraper
```

1) このモジュールの解説は，Python3.5.2 で動作確認を行ったうえで執筆しました．後継バージョンでは操作や結果が異なる場合があります．

この際，インターネット検索エンジンを指定することができます．たとえば，Bing，Google，Yahoo!を選ぶ場合は次のように指定します．

```
$ GoogleScraper -s "bing,google,yahoo" -q "parylene-alternatives" -n 20 -p 100
```

4.1.2 py-web-search (pws)

py-web-search も検索エンジンを使って情報収集するためのPythonモジュールで，Pythonが使える状態であれば簡単にインストールできます．ipythonを導入すれば，インタラクティブに実験できます．ipythonは対話型のシェルのことで，まさに対話をするように（インタラクティブに）検索ができるようになります．

まずは次のコマンドでpwsをインストールしましょう．

```
$ sudo pip3.5 install py-web-search
$ sudo pip3.5 install -U ipython
$ ipython3
```

以下，ipythonを用いてインタラクティブに検索した結果です．In[ ]:というのはipythonのプロンプトで，その右側にコマンドを入力していきます．Out[ ]:以下が出力結果です．結果は，

① sfc.keio.ac.jp サイトから武藤佳恭研究室の紹介
② wikipedia サイトから武藤佳恭の紹介
③ amazon.co.jp サイトから武藤佳恭の紹介
④ neuro.sfc.keio.ac.jp サイトから武藤佳恭の紹介
⑤ keio.ac.jp サイトから武藤佳恭の紹介

となりました．

```
In [1]: from pws import Bing
```
[2]

```
In [2]: Bing.search(' 武藤佳恭', num=5)
```
[3]

```
Out[2]:
{'country_code': None,
'expected_num': 5,
'received_num': 9,
'related_queries': [' 武藤佳恭とは - goo Wikipedia (ウィキペディア)'],
'results': [{'additional_links': {},
```

2) このコマンドは，pws(py-web-search) のライブラリ中におけるBing ライブラリをインポートせよということです．

3) このコマンドは，Bing.search を使い，検索語を「武藤佳恭」，検索数を五つ (num=5) にせよということです．

①
'link': 'http://www.sfc.keio.ac.jp/introducing_labs/002915.html',
'link_info': 'SFC の現場 武藤佳恭研究室 研究領域キーワード 電子ガジェット，ニューラルコンピューティング，インターネットセキュリティ どのような研究をしているのですか？ 武藤研究会では，ガジェットと呼ばれる小型の電子機器を使った ...',
'link_text': ' 武藤佳恭研究室 | 慶應義塾大学 湘南藤沢キャンパス（SFC）'},
{'additional_links': {},
②
'link': 'https://ja.wikipedia.org/wiki/%E6%AD%A6%E8%97%A4%E4%BD%B3%E6%81%AD',
'link_info': ' 武藤 佳恭（たけふじ よしやす，1955 年 - ）は，日本の工学者，慶應義塾大学教授，工学博士．専門分野は，ニューラルコンピューティング，電子おもちゃ，セキュリティ，温度差発電，横波スピーカー． 学歴 長崎県長崎市出身',
'link_text': ' 武藤佳恭 - Wikipedia'},
{'additional_links': {},
③
'link': 'https://www.amazon.co.jp/%E6%9C%AC-%E6%AD%A6%E8%97%A4%E4%BD%B3%E6%81%AD/s?ie=UTF8&page=1&rh=n%3A465392%2Cp_27%3A%E6%AD%A6%E8%97%A4%E4%BD%B3%E6%81%AD',
'link_info': ' 武藤佳恭 Kindle 版 ￥ 1,237 だれにもわかるデジタル回路 2005/1 天野 英晴， 武藤 佳恭 単行本 ￥ 1 中古 & 新品 (16 出品) 五つ星のうち 3 1 だれにもわかる デジタル回路 2015/5/22 天野 英晴， 武藤 佳恭 単行本 ￥ 3,024 プライム ...',
'link_text': 'Amazon.co.jp: 武藤佳恭: 本'},
{'additional_links': {},
④
'link': 'http://neuro.sfc.keio.ac.jp/',
'link_info': 'Nature Cafe on May 24 in 2012 at UK embassy Nature 発電床プロジェクト報道の皆様へ 音力発電および速水君は JR 東日本が実験してきている発電床プロジェクトとは，一切関係していません．またその性能も保証できません．武藤佳恭 ...',
'link_text': 'Neural and Multimedia Center(KB8QPJ)'},
{'additional_links': {},
⑤
'link': 'http://k-ris.keio.ac.jp/Profiles/0200/0006397/profile.html',
'link_info': ' 研究業績 (著書) 知らないと絶対損をするセキュリティの話デジ

タル時代の護身術 武藤 佳恭 日経 BP 2004 ファイバーチャネル技術解説書 II 武藤 佳恭 論創社 2003 調べてみよう 携帯電話の未来 武藤 佳恭 ...',
'link_text': ' 慶應義塾大学 環境情報学部 環境情報学科'}],
'search_engine': 'bing',
'start': 0,
'total_results': 7460,
'url': 'http://www.bing.com/search?q=武藤佳恭&first=0'}

4.2 Twitter の活用

Twitter 上の情報を収集する方法を紹介します．API [4] を利用する場合は，Twitter のアカウントが必要です．Twitter のアカウントがない場合は，以下のサイトにブラウザでアクセスし，アカウントを構築します．

```
https://twitter.com/signup
```

また，自動情報収集するためのプログラムの登録も必要です．以下から登録しましょう．

```
https://apps.twitter.com
```

プログラム名は何でもかまわないので，ここでは，stw.py としておきます．目的は twittersearch です．アクセスできるサーバを持っていなくても問題ありませんが，適当な http://の URL を記述する必要があります．

次の四つの情報が必要となります．

```
Consumer Key, Consumer Secret, Access Token, Access Token Secret
```

本書では，読者のために stwJP.py プログラムを用意しました．Twitter から日本語で自動情報収集するためのプログラムが stwJp.py ですが，https://apps.twitter.com で登録した stw.py の四つの情報を stwJp.py のプログラム中に埋め込んでください．

stwJP.py は次のコマンドでダウンロードできます．

```
$ wget $take/stwJP.py
```

[4] Application Programming Interface の略．ソフトウェア（コンポーネント）同士が情報をやり取りするための決まり（インターフェース仕様）です．

stwJP.py

```
# -*- coding: utf-8 -*-
#!/usr/local/bin/python
from TwitterSearch import *
try:
    tso = TwitterSearchOrder() # create a TwitterSearchOrder
      object
    key=input('enter: ')
    tso.set_keywords([key]) # let's define all words we would
      like to have a look for
    tso.set_language('ja') # we want to see japanese tweets only
    tso.set_include_entities(False) # and don't give us all those
      entity information

    # it's about time to create a TwitterSearch object with our
      secret tokens
    ts = TwitterSearch(
        consumer_key = "",
        consumer_secret = "",
        access_token = "",
        access_token_secret = ""
     )

     # this is where the fun actually starts :)
    for tweet in ts.search_tweets_iterable(tso):
        print( '@%s tweeted:%s  %s' % ( tweet['user']
          ['screen_name'], tweet['created_at'], tweet['text'] ) )
        print(" ")

except TwitterSearchException as e: # take care of all those ugly
  errors if there are some
    print(e)
```

以下のコマンドでstwJP.pyを実行します．その次に，調べたい言葉を打ち込みます．ここでは，「小池都知事」としています．

$ python -i stwJP.py [5)]

enter: “小池都知事”

5) -iを入れないと動かない場合があります．

Tweet の収集結果（一部）

```
@Milofizz57 tweeted:Mon Oct 10 07:06:10 +0000 2016 RT
@ns5zrakum5338w1: 小池都知事 硫黄島 訪問?
やる事の視点が 違いすぎ
前の都知事は 韓国に行きまくってましたね...https://t.co/vrAYs9AQOE
```

```
@sigunasu01 tweeted:Mon Oct 10 07:05:51 +0000 2016 RT @_500yen: 住田裕子「ピンクの服装はテレビ出演の時に着る物で，普通の仕事の時は着ない．その場にふさわしいTPOを考えます．周りは制服姿ですよね．小池都知事は絶対にピンク着ないですよ」←富士総合火力演習一般公開での稲田大臣の服装がピンクはダメと言う住田裕子のTPO基...
```

```
@tokyo2020_NEWS tweeted:Mon Oct 10 07:05:38 +0000 2016 【NEWS】仮設住宅を選手村として活用検討 宮城県知事，小池都知事に提案へ: 仮設住宅を選手村として活用検討　宮城県知事，小池都知事に提案へ https://t.co/r0au3vsKg1 https://t.co/qOBn1jzMgA
```

..

同様に，英語圏の Twitter 検索では，stwEN.py を実行します．実行する前に，Consumer Key, Consumer Secret, Access Token, Access Token Secret を必ず埋めてください．

```
$ python stwEN.py
```

Twitter は比較的リアルタイムに情報収集できるので，インターネット検索エンジンとは違った使い方ができます．

体験のまとめ

第4章では，インターネットからの自動情報収集を体験しました．インターネット検索エンジンでは，GoogleScraper と py-web-search(pws) の二つを紹介しました．また，Twitter から自動的に情報収集する方法も紹介しました．次の章では，Linux ベースの NanoPi NEO を使って，これぞ IoT と呼べるデバイス構築を体験します．

第5章

NanoPi NEOを体験

本章では，シングルボードコンピュータ「NanoPi NEO」を使い，ちょっとした機械学習の計算や内蔵Ethernetを介したLTEモデム通信などを行います.「はじめに」でも述べたとおり，オープンソースハードウェアの代表格と呼べるのが「Raspberry Pi」ですが，NanoPi NEOはその高性能機種に位置付けられます.

5.1 NanoPi NEOの基本情報

まずは，NanoPi NEOのメモリが512 MBのものを選んで購入しましょう．送料を含めて9.99ドルです[1)]．NanoPi NEO 256 MBでは，本書での開発はたいへん難しいと思います．microSDは，8 GBか16 GBのclass10で，U1かU3であれば，快適に使用できます．最近は，読み込み90 MB/s，書き込み40 MB/sのmicroSDが1000円くらいで購入できます.

1) 執筆時の価格です.

NanoPi NEOのimageファイル (xxx.img) は下記サイトからダウンロードできます.

https://www.mediafire.com/folder/n5o8ihvqhnf6s/Nanopi-NEO

imageファイルとは，OSを含む最低限のシステムファイルのことです（図5.1)．このimageファイルをmicroSDに書き込みます．Windows10であれば，Win32Disk Imagerをダウンロードして，あらかじめWindows 10にインストールしておきます.

実際のファイルは，xxx.img.zipファイルの形式になっているので，下記サ

図 5.1　NanoPi NEO の image ファイルサイト

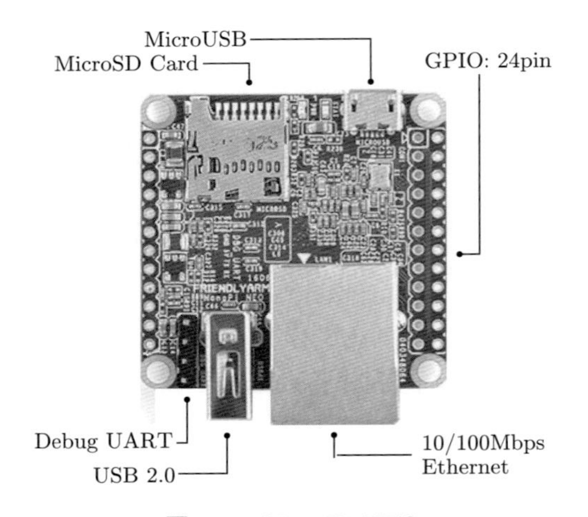

図 5.2　NanoPi NEO

イトからダウンロードしてから，unzip します．

http://www.mediafire.com/file/7p8mtw58t5cjkoe/nanopi-neo-linux-rootfs-core-qte-sd4g-20160804.img.zip

```
$ unzip anopi-neo-linux-rootfs-core-qte-sd4g-20160804.img.zip
```

パソコンに SD カードのインターフェースがある場合は，microSD カードを NanoPi NEO の該当部に挿してからパソコンに挿入します（図 5.2）．パソコンに SD カードのインターフェースがない場合は，microSD が挿入できる USB モジュールを購入します．

microSDxxx.img ファイルは，Win32Disk Imager を使って書き込みます．該当部に Lock が掛かっていると書き込み禁止になっているので，Lock 爪を unLock の状態にします．

Win32Disk Imager を使う場合は，xxx.img ファイルを read してから，microSD に書き込みます．書き込み先が D ドライブや E ドライブになると思うので，確認しましょう．

24 ピン（2 列タイプのピンヘッダ: 2x40；図 5.3）と 12 ピン（1 列タイプのピンヘッダ:1x40；図 5.4）は，たとえば次のサイトから購入できます[2)]．

http://www.akizukidenshi.com/catalog/g/gC-00082/
http://www.akizukidenshi.com/catalog/g/gC-00167/

2) 最近は，送料が無料となる Amazon からの購入も増えています．

著者の場合，ほとんどのハンダ付けは 40 W のハンダごてと，0.8 mm のハンダを使って行います．細かい作業のときは，12 W のハンダごてで，0.3 mm のハンダを使っています．本書の範囲であれば，30 W か 40 W のハンダごてで十分です．

Pin#	Name	Linux gpio	Pin#	Name	Linux gpio
1	SYS_3.3V		2	VDD_5V	
3	I2C0_SDA		4	VDD_5V	
5	I2C0_SCL		6	GND	
7	GPIOG11	203	8	UART1_TX/GPIOG6	198
9	GND		10	UART1_RX/GPIOG7	199
11	UART2_TX/GPIOA0	0	12	PWM1/GPIOA6	6
13	UART2_RTS/GPIOA2	2	14	GND	
15	UART2_CTS/GPIOA3	3	16	UART1_RTS/GPIOG8	200
17	SYS_3.3V		18	UART1_CTS/GPIOG9	201
19	SPI0_MOSI/GPIOC0	64	20	GND	
21	SIP0_MISO/GPIOC1	65	22	UART2_RX/GPIOA1	1
23	SPI0_CLK/GPIOC2	93	24	SPI0_CS/GPIOC3	67

図 5.3 NanoPi NEO 24 ピンの機能とピン配置

NanoPi NEO に image ファイルを書き込んだ microSD を挿入します．インターネットルータあるいはインターネットハブと NanoPi NEO を Etherne ケーブルで接続します．microUSB に 5V 電源を接続します．デフォルトでは，DHCP プロトコルが起動し，NanoPi NEO に IP がアサインされます．

Fing という便利なネットワークツールがあります．Fing を使うと，周辺機器がどのネットワークにつながっているか知ることができます．以下は fing

Pin#	Name	Description
1	VDD_5V	5V Power Out
2	USB-DP1	USB1 DP Signal
3	USB-DM1	USB1 DM Signal
4	USB-DP2	USB2 DP Signal
5	USB-DM2	USB2 DM Signal
6	GPIOL11/IR-RX	GPIOL11 or IR Receive
7	SPDIF-OUT/GPIOA17	GPIOA17 or SPDIF-OUT
8	MICIN1P	Microphone Positive Input
9	MICIN1N	Microphone Negative Input
10	LINEOUTR	LINE-OUT Right Channel Output
11	LINEOUTL	LINE-OUT Left Channel Output
12	GND	0V

図 5.4　NanoPi NEO 12 ピンの機能とピン配置

コマンドを実行した結果です．

```
$ fing
10:25:54 > Discovery profile: Default discovery profile
...
192.168.1.1 | 00:25:36:E9:FF:C5 (Oki Electric Industry)
192.168.1.2 | 00:1E:8F:ED:78:5C (CANON)
192.168.1.3 | B8:27:EB:F0:FE:3C (Raspberry Pi Foundation)
192.168.1.4 | 84:38:38:A0:C1:56
192.168.1.6 | 64:80:99:68:43:78 (Intel)
192.168.1.7 | 00:0B:97:33:C2:41 (Matsushita Electric Industrial)
192.168.1.8 | 60:02:B4:AF:03:1E
192.168.1.12 | A2:E5:8A:75:F8:8C
192.168.1.224 | 00:0B:97:33:C2:41 (Matsushita Electric Industrial
```

この結果から，512MB 版の NanoPi NEO の MAC アドレスは A2:E5 なので，IP アドレスは 192.168.1.12 だとわかります．ちなみに，MAC アドレス B8:27 は Raspberry Pi2，NanoPi NEO 256MB 版の MAC アドレスは E2:F3 です．

Cygwin ターミナルを立ち上げて，次のコマンドで NanoPi NEO の IP アドレスを登録します．エディタ (nano または vi) で，/etc/hosts ファイルに NEO の IP アドレスを一行加えます．すなわち，

```
$ vi(nano) /etc/hosts
```

を実行してから，次の 1 行を/etc/hosts ファイルに挿入します．

```
192.168.1.12 neo
```

fa と入力します．

```
$ ssh fa@neo
password:
```

パスワードを聞かれるので，fa と入力します．

```
Welcome to Ubuntu 15.10 (GNU/Linux 3.4.39-h3 armv7l)
```

次に su コマンドでスーパーユーザになります．

```
fa@FriendlyARM:~$ su
Password:
```

パスワードは，`fa` とします．次に，hostname コマンドで，NanoPi NEO の riendlyARM を neo に変更します．

```
root@FriendlyARM:/home/fa# hostname neo
root@FriendlyARM:/home/fa# exit
```

もう一度，ssh コマンドでログインします．

```
$ ssh fa@neo
Password:
```

ログインした後，fa のパスワードを変更してみます．

```
fa@neo:~$ passwd
Changing password for fa.
(current) UNIX password:
Enter new UNIX password:
Retype new UNIX password:
passwd: password updated successfully
```

スーパーユーザの password を変更しておきましょう.

```
$ su
```

現在のパスワードを入力します.

```
# passwd
```

新しいパスワードを入力します.

ssh で public キーを使う方法

ssh の public キーを利用すると，ログインのパスワードをいちいち入力する必要がなくなります．パソコンで Cygwin ターミナルを立ち上げて，ssh の public キーを次のコマンドで生成します．すべての質問に対して，Enter キーを押してください.

```
$ ssh-keygen -t rsa
```

.ssh フォルダに id_rsa.pub ファイル，public キーが生成できます．次に，パソコンの public キーファイルを，NanoPi NEO の /home/fa/.ssh/authorized_keys ファイルに付加します.

public キーファイルを scp コマンドで NanoPi NEO に転送してみましょう.

```
$ scp .ssh/id_rsa.pub fa@neo:~
fa@neo's password:
```

パスワードを入力します.

```
id_rsa.pub
```

次に，転送された public キーファイルを確認します．Cygwin ターミナルから，以下のように入力します.

```
$ ssh fa@neo
password:
```

パスワードを入力します.

```
fa@neo:~$ ls
id_rsa.pub
```

次のコマンドで，.ssh フォルダを生成します.

```
fa@neo:~$ mkdir .ssh
```

public キーファイルとして，.ssh/authorized_keys ファイルを生成します.

```
fa@neo:~$ cat id_rsa.pub >.ssh/authorized_keys
```

二つ目以上の public キーを付加するには，>> (付加命令) になります.

```
fa@neo:~$ cat id_rsa.pub >>.ssh/authorized_keys
fa@neo:~$ exit
logout
```

ここで，うまく public キーを設定できたかどうか，次のコマンドで確認してみます.

```
$ ssh fa@neo
```

パスワードを聞かれずにログインできれば成功です.

スーパーユーザになってから，apt コマンドで sudo コマンドをインストールします.

```
fa@neo:~$ su
Password:
root@neo:/home/fa# apt install sudo
```

/etc/sudoers ファイルを下記のように，書き換えます. fa の行を 2 箇所加えます.

```
# User privilege specification
root ALL=(ALL:ALL) ALL
fa ALL=(ALL:ALL) ALL
# Members of the admin group may gain root privileges
%admin ALL=(ALL) ALL
# Allow members of group sudo to execute any command
%sudo ALL=(ALL:ALL) ALL
```

```
# See sudoers(5) for more information on "#include" directives:
#includedir /etc/sudoers.d
fa ALL=(ALL) NOPASSWD: ALL
```

/etc/hosts に 1 行，neo を加えます．

```
root@neo:/home/fa $ cat /etc/hosts
127.0.0.1 localhost neo
```

`root@neo:/home/fa$ sudo hostname neo` でエラーが出なければ，sudo コマンドの設定がうまくいっています．うまくいかない場合は，/etc/hostname を確認し，必要であれば変更しましょう．apt update で，更新ライブラリのリストをダウンロードします．また，apt upgrade で，更新リストに応じてライブラリを更新します．不必要なライブラリは，apt-get autoremove コマンドで消去できます．

```
root@neo:/home/fa# apt update
root@neo:/home/fa# apt upgrade
root@neo:/home/fa# reboot
```

(1) 入出力 (GPIO)

一般に Linux では，スクリプト言語に人気が集まっています．特に python は, 多くのライブラリがオープンソースで構築されています．ここでは, python を用いた GPIO [3] 機能の活用事例を紹介します．

[3] General Purpose Input/Output の略．デジタル信号をデバイスに入出力させるためのポートのこと．

まず，unzip と python-setuptools をインストールします．

```
$ sudo apt install unzip python-setuptools
```

python ライブラリをインストールための pip コマンドをダウンロードします．

```
$ wget https://bootstrap.pypa.io/get-pip.py
```

python2.7 の pip コマンドをインストールするために，次のコマンドを実行します．pip2.7 がインストールできます．

```
$ sudo python2.7 get-ip.py
```

python3.4 の pip コマンドは，次のように実行します．

```
$ sudo python3.4 get-ip.py
```

pip2.7 コマンドを使って，GPIO のライブラリをインストールします．

```
$ sudo pip2.7 install gpio
```

現時点で最新版の NanoPi NEO OS では，以下の方法で実行できます．その前に，GPIO 機能が利用できるよう，master.zip ファイルをダウンロードしてインストールしておきます．

```
$ wget https://github.com/jrspruitt/FriendlyARM_Python_GPIO/archive
/master.zip
$ unzip master.zip
$ cd Friendly*
$ sudo python setup.py install
$ cd
$ vi (nano) .bashrc
```

エディタを使って，.bashrc ファイルに次の 1 行を入力します．

```
take='http://web.sfc.keio.ac.jp/~takefuji'
```

source コマンドで，この変更をシステムに認識させます．

```
$ source .bashrc
$ wget $take/gpio_0_blink.py
```

GPIO の 24 ピンの 11 番ピンと 9 番ピン (GND) に LED を接続すれば，1 秒に 1 回フラッシュします．図 5.2 に示すように，11 番ピン（LED アノード）と 9 番ピン（LED の GND）に LED を接続します．

```
$ sudo python gpio_0_blink.py
```

LED が 1 秒ごとに点滅すれば，成功です．

次のコマンドで，システムディスクの大きさを確認できます．

```
$ df -h
```

microSD の大きさにファイルシステムを拡張するには，次のコマンドを実行します．

```
$ sudo fs_resize
```

df コマンドで，拡張したシステムディスクの大きさをもう一度確認します．

```
$ df -h
```

(2) APT の sources.list

最新のライブラリをインストールするには，/etc/apt/sources.list のファイルを変更します．#を delete して，インストールするライブラリを増やします．

```
$ cat /etc/apt/sources.list
# See http://help.ubuntu.com/community/UpgradeNotes for how to up-
grade to
# newer versions of the distribution.
deb http://ports.ubuntu.com/ubuntu-ports/ wily main restricted
deb-src http://ports.ubuntu.com/ubuntu-ports/ wily main restricted
## Major bug fix updates produced after the final release of the
## distribution.
deb http://ports.ubuntu.com/ubuntu-ports/ wily-updates main restricted
deb-src http://ports.ubuntu.com/ubuntu-ports/ wily-updates main
restricted
## Uncomment the following two lines to add software from the 'universe'
## repository.
## N.B. software from this repository is ENTIRELY UNSUPPORTED
by the Ubuntu## team. Also, please note that software in universe WILL
NOT receive any
## review or updates from the Ubuntu security team.
deb http://ports.ubuntu.com/ubuntu-ports/ wily universe
deb-src http://ports.ubuntu.com/ubuntu-ports/ wily universe
deb http://ports.ubuntu.com/ubuntu-ports/ wily-updates universe
deb-src http://ports.ubuntu.com/ubuntu-ports/ wily-updates universe
## N.B. software from this repository may not have been tested as
```

```
## extensively as that contained in the main release, although it includes
## newer versions of some applications which may provide useful features.
## Also, please note that software in backports WILL NOT receive any review## or updates from the Ubuntu security team.
deb http://ports.ubuntu.com/ubuntu-ports/ wily-backports main restricted
deb-src http://ports.ubuntu.com/ubuntu-ports/ wily-backports main restricted
deb http://ports.ubuntu.com/ubuntu-ports/ wily-security main restricted
deb-src http://ports.ubuntu.com/ubuntu-ports/ wily-security main restricted# deb http://ports.ubuntu.com/ubuntu-ports/ wily-security universe
# deb-src http://ports.ubuntu.com/ubuntu-ports/ wily-security universe
# deb http://ports.ubuntu.com/ubuntu-ports/ wily-security multiverse
# deb-src http://ports.ubuntu.com/ubuntu-ports/ wily-security multiverse
```

(3) Debug UART のシステムにログイン

図 5.2 に示すように，NanoPi NEO には UART が用意されていて，システムログインできます．図 5.5 に Debug UART のピン配置を示します．FTDI USB シリアルケーブルを使って，ログインできます．接続するピンは，TXD, RXD, GND の 3 本です．FTDI のケーブルは，RXD:黄色，TXD:オレンジ色，+5V:接続なし，GND:黒色です．

したがって，NanoPi NEO ⇔ FTDI ケーブルは，GND ⇔ GND（黒色），+5V ⇔ 接続なし，TXD ⇔ RXD（黄色），RXD ⇔ TXD（オレンジ）の接続になります（図 5.6）．

Pin#	Name
1	GND
2	VDD_5V
3	UART_TXD0
4	UART_RXD0

図 **5.5** NanoPi NEO Debug UART ピン

図 **5.6** debugUART ピンを使ってログイン

5.2 ビッグデータ解析のための機械学習

人工知能ライブラリのインストール

ビッグデータ解析には，人工知能ライブラリの活用が便利です．そのためには，ツールをあらかじめインストールしておくことが重要です．ここでは，最新の人工知能（アンサンブル機械学習）を使ったビッグデータ解析の例を紹介します [4]．

[4] アンサンブル機械学習について知りたい方は，『超実践アンサンブル機械学習』（近代科学社，2017）を参照してください．

従来の重回帰分析では モデルは人間（専門家）が作成していましたが，人工知能を使った機械学習では人工知能がデータを使ってモデルを自動作成します．したがって，素人でも人工知能を活用すれば専門家以上のビッグデータ解析が可能です．

昔は，ビッグデータ解析の専門家（データサイエンティスト）でないと，モデル作成ができなかったのですが，人工知能によるモデル作成自動化によって，専門家が失職する時代が到来しています．

まず，pip2.7 と pip3.4 のバージョンを確認します．現時点で，最新版の pip は 8.1.2 です．

```
$ pip2.7 -V
pip 8.1.2 from /usr/local/lib/python2.7/dist-packages (python 2.7)
$ pip3.4 -V
pip 8.1.2 from /usr/local/lib/python3.4/dist-packages (python 3.4)
```

次に，numpy（数値計算），cython（C+Python 言語処理），pandas（デー

タ解析支援）, statsmodels（重回帰分析）, sklearn（機械学習）のライブラリをインストールします.

```
$ sudo pip2.7 install -U numpy
$ sudo pip2.7 install -U cython
$ sudo pip2.7 install -U pandas
$ sudo pip2.7 install -U statsmodels
$ sudo pip2.7 install -U sklearn
```

同様に，pip3.4 でも numpy, cython, pandas, statsmodels（重回帰分析）, sklearn ライブラリをインストールします.

インストールが終了したら，pandas と statsmodels のライブラリをテストしてみます．次のテスト用プログラムをダウンロードしましょう．テストデータは，アイスクリームの売上データ（出力: y），最高気温（入力: x1）とアイスクリーム店舗の通行人数（入力: x2）より構成されます.

重回帰式とは，入力と出力の関係式のことで，ここでは最高気温の係数と通行人数の係数が求めるべき値です．機械学習では，入力と出力の関係を丸ごと学習します．したがって，重回帰式の代わりに複雑な入出力関係（入出力関数）を機械学習します．重回帰分析プログラム (reg.py)，ice.csv（アイスクリームデータ）を次のコマンドでダウンロードします.

```
$ wget $take/reg.py
$ wget $take/ice.csv
```

ここで，python2.7 で reg.py を実行してみます.

```
$ python2.7 reg.py
```

OLS Regression Results.. が表示されたら，同様に python3.4 でも検証します.

```
$ python3.4 reg.py
```

次に，世界最大の機械学習ライブラリ (sklearn:scikit-learn) をテストしてみます．ここでは，アンサンブル学習の中でも，最も性能が高い extratreesclass をダウンロードします.

```
$ wget $take/neo_extratreesclass.py
```

python2.7 で実行してみます．

```
$ python2.7 neo_extratreesclass.py
```

次のデータが表示されれば，機械学習のインストールは成功しています．
0.967741935484
[0.36241379 0.63758621]

0.9677 は，R-squared 値と呼ばれます．実際のデータと予測データのフィット度を表します．R-squared 値が 1 に近いほど予測精度が高いことを示します．

[0.36241379 0.63758621] の値は，feature of importances と呼ばれ，どのパラメータが重要であるかを示します．大きい値ほど影響力が高いことを示しています．先ほどの重回帰手法では，R-squared は 0.45 です．

次のコマンドを実行して，最終結果を表示する画像ファイルの存在を確認します．

```
$ ls test.png
```

test.png が表示されたら機械学習でのインストールは完璧です．

パソコンの Cygwin を立ち上げて，次のコマンドを実行し，パソコンに test.png を転送します．

```
$ scp fa@neo:~/test.png .
```

test.png をダブルクリックすれば，機械学習（extratreesclass アルゴリズム）の結果を見ることができます（図 5.7）．

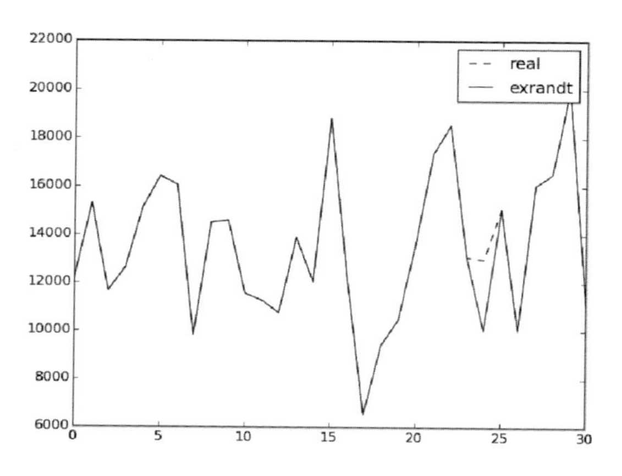

図 5.7 test.png（アンサンブル機械学習と実際のデータ）

5.3 Sigfox (LPWAN) の活用

LPWAN は low power wide area network の略で，その名のとおり，低い消費電力で広域通信することを目指すネットワークのことです．日本では 922MHz の周波数帯を用います．Sigfox は，LPWAN のサービスの一つです（図 5.8）．Sigfix 以外に，LoRa があります．ここでは，Sigfox を紹介します．

Sigfox の特徴は，到達距離です．30km の到達距離がありますが，実際には動作する環境に大きく影響されます．湘南藤沢キャンパスに日本で最初の Sigfox のアクセスポイントが設置されました（2016 年 3 月）．茅ヶ崎駅や平塚駅近辺から直線で 10km ほどありますが，問題なく，データを upload できました．

Sigfox のリンクは upload リンクだけなので，外部から IoT デバイスに対して攻撃できません．現在のところ，Sigfox にダウンリンクはありません．ダウンリンクがないので，ネットから Sigfox デバイスに攻撃できません．

年間利用料が 150 円ぐらいになる予定です．1 メッセージが 12 バイト，一日に，最大 14 メッセージの送信ができます．

図 **5.8** Sigfox (USB) とアンテナ

図 5.9 に sigfox の実験風景を示します．パソコンは，FTDI USB ケーブルと接続しています．FTDI USB ケーブルの GND（黒色），TXD（オレンジ），RXD（黄色）の 3 本が NanoPi NEO の Debug UART ピンに接続します．図 5.5 と図 5.6 を確認しながらピン接続してください．+5V ピンは接続しません．

図 5.9　三つの接続風景
PC⇔FTDI USB ケーブル
NanoPi NEO⇔Sigfox
FTDI USB ケーブル ⇔USB (NanoPi NEO)

Python serial ライブラリをインストールします．

```
$ sudo apt install python-serial
```

または，

```
$ sudo pip2.7 install serial
```

次に，neo_sigfoxtx.py ファイルをダウンロードします．

```
$ wget $takef/neo_sigfoxtx.py
```

neo_sigfoxtx.py

```
import serial,os,sys
s=serial.Serial('/dev/ttyUSB0',9600)
s.timeout=0.5
a=sys.argv[1]
b=a.encode('hex')
if s.isOpen():
    s.write('AT$SS='+b+'\n')
s.close()
os._exit(0)
```

sigfox の USB ケーブルが NanoPi NEO と接続していることを確認して，次のコマンドを実行します．

```
$ ls /dev/ttyUSB0
```

/dev/ttyUSB0 が表示されれば，USB ケーブルは確実に接続されています．

次のコマンドを実行し，データを sigfox 経由でクラウドに送ってみます．

```
$ sudo python neo_sigfoxtx.py hello
$
```

Sigfox デバイスを使う場合は，アンテナは地面と垂直に立てて利用してください．

ここで，Cygwin を立ち上げ，次のコマンドを実行して，クラウドからデータを受信するプログラム (sigfoxget.py) をダウンロードします．

```
$ wget $take/sigfoxget.py
```

sigfoxget.py

```
import os
cmd='rm messages'
os.system(cmd)
cmd='wget https://backend.sigfox.com/api/devices/1bcd9/messages
  --http-user=userID --http-password=PASSWORD'
os.system(cmd)
from subprocess import *
r=check_output('grep data messages|sed
```

```
  -n "2p"|cut -d "," -f 1|cut -d ":" -f 2',shell=True)
print r.split('"')[1].decode('hex')
os._exit(0)
```

1bcd9 がデバイス ID になります．Sigfox のクラウドにアクセスするには，userID，PASSWORD，デバイス ID の三つの情報が必要です．

$ python sigfoxget.py を実行して，hello が表示されれば，すべての設定は正常です．

5.4 LTE (0SIM) の活用

本節では，LTE の活用事例を紹介します（図 5.10）．最近は，さまざまな SIM があります．毎月 500MB 以下であれば，円の 0SIM が So-net から販売されています．LTE モデムは安価に購入できるようになりましたが，海外からの場合は，技適（技術基準適合証明）があるかどうか確かめましょう．日本で使う場合は，日本の LTE 周波数帯にあった LTE モデムの購入が必要です．

Debug UART ポートを使い，FTDI USB ケーブルを経由してパソコンから NanoPi NEO を設定していきます．最初は，NanoPi NEO を Ethernet に接続してからインストールします．

Cygwin ターミナルから, 次のコマンドを実行します．まず, wvdial と libusb-dev ライブラリをインストールします．

```
$ sudo apt install wvdial libusb-dev
```

次に，/etc/network/interfaces のファイルに次の 2 行を挿入します．

```
allow-hotplug ppp0
iface ppp0 inet dhcp
```

また，/etc/wvdial.conf ファイルに，次の情報を入力します．wvdial.conf ファイルには，0sim の設定情報を入力することになります．

図 **5.10** NanoPi NEO での LTE モデムの実験風景

wvdial.conf

```
[Dialer 0sim]
Init1 = ATZ
Init2 = ATH
Init3 = AT+CGDCONT=2,"IP","so-net.jp"
Init4 = ATQ0 V1 E1 S0=0 &C1 &D2 +FCLASS=0
Dial Attempts = 7
Stupid Mode = yes
Modem Type = Analog Modem
Dial Command = ATD
New PPPD = yes
APN = so-net.jp
Modem = /dev/ttyUSB0
Baud = 115200
ISDN = 0
Phone = *99***2#
Auto Reconnect = yes
Username = nuro
Password = nuro
Carrier Check = no
```

LTE モデムを認識させるために，eject コマンドをインストールします．

```
$ sudo apt install eject
```

LTE モデムを NanoPi NEO の USB に挿します．次のコマンド (ls /dev) を実行すると，sr0 が現れます．

```
$ ls /dev
```

次のコマンドで，/dev/sr0 デバイスを eject すると，ttyUSB0,...,ttyUSB3 が/dev フォルダに現れます．

```
$ sudo eject /dev/sr0
$ ls /dev
```

次のコマンドを実行すると，VendorID と ProductID を表示します．**05c6:6000** が LTE USB モデムデバイスの ID 情報です．

```
$ lsusb
..
Bus 004 Device 003: ID 05c6:6000 Qualcomm, Inc.
..
```

すべての準備，すなわち，/etc/network/interfaces，/etc/wvdial.conf，/dev/ttyUSB0 などの用意もしくは設定 (/dev/sr0 の eject) が完了したら，バックグラウンドジョブ (&) として次のコマンドを実行します．“wvidial 0sim” というコマンドは，/etc/wvdial.conf の 0sim の実行を意味します．LTE への接続がうまくいくと，IP が割り当てられます．

```
$ sudo wvdial 0sim &
--> WvDial: Internet dialer version 1.61
--> Initializing modem.
--> Sending: ATZ
ATZ
OK
--> Sending: ATH
ATH
OK
--> Sending: AT+CGDCONT=2,"IP","so-net.jp"
AT+CGDCONT=2,"IP","so-net.jp"
OK
--> Sending: ATQ0 V1 E1 S0=0 &C1 &D2 +FCLASS=0
```

```
ATQ0 V1 E1 S0=0 &C1 &D2 +FCLASS=0
OK
--> Modem initialized.
--> Sending: ATD*99***2#
--> Waiting for carrier.
ATD*99***2#
CONNECT
--> Carrier detected. Starting PPP immediately.
--> Starting pppd at Wed Oct 12 14:11:03 2016
--> Pid of pppd: 3115
--> Using interface ppp0
--> local IP address 100.65.248.245
--> remote IP address 10.64.64.64
--> primary DNS address 118.238.201.33
--> secondary DNS address 118.238.201.49
```

IP が割り当てられたので，LTE への接続は成功です．

LTE モデムが正しく接続されたかどうか，次のコマンドでも確認できます．

```
$ ifconfig
eth0 Link encap:Ethernet HWaddr a2:e5:8a:75:f8:8c
..
lo Link encap:Local Loopback
inet addr:127.0.0.1 Mask:255.0.0.0
..
ppp0 Link encap:Point-to-Point Protocol
inet addr:100.64.103.90 P-t-P:10.64.64.64 Mask:255.255.255.255
UP POINTOPOINT RUNNING NOARP MULTICAST MTU:1500
Metric:1
..
```

LTE を切断するには，次のコマンドを実行します．

```
$ sudo pkill dial
```

再度 LTE 接続したい場合は，先ほどのコマンドを実行します．

```
$ sudo wvdial 0sim &
```

NanoPi NEO を起動したときに，LTE 接続したい場合は，/etc/rc.local ファイルに次のコマンドを“exit 0”の前に挿入します．

```
sudo /usr/bin/eject /dev/sr0
sleep 5
sudo /usr/bin/wvdial 0sim&
```

5.5 数独自動回答サーバ

数独問題の画像ファイルを Web にアップロードするだけで，自動的に数独の解答を表示する（回答する）システムを構築します．このシステムは，次に示すように，多くのライブラリをインストールする必要があります．

まず，Cygwin ターミナルを立ち上げて，ssh コマンドで NanoPi NEO にリモートログインします．neo は NanoPi NEO の IP アドレスを/etc/hosts に neo の IP アドレスを，あらかじめ登録しておきます．読者の環境に合わせて，IP を変更してください．Cygwin でのコマンドです．

```
$ cat /etc/hosts
..
192.168.1.227 neo
..
```

Cygwin ターミナルから次のコマンドを実行します．

```
$ ssh fa@neo
```

ここからは，NanoPi NEO でのインストールになります．

```
$ sudo apt install build-essential git cmake pkg-config
$ sudo apt install libjpeg-dev libtiff5-dev libjasper-dev libpng12Dev
$ sudo apt install libavcodec-dev libavformat-dev libswscale-dev libv4l-dev
$ sudo apt install libxvidcore-dev libx264-dev
$ sudo apt install libgtk2.0-dev
```

```
$ sudo apt install libatlas-base-dev gfortran
$ sudo apt install python2.7-dev
$ sudo pip install numpy
$ wget -O opencv.zip https://github.com/Itseez/opencv/archive/3.0.0.zip
$ wget -O opencv_contrib.zip https://github.com/Itseez/opencv_contrib/
archive/3.0.0.zip
```

引き続きインストールをします．

```
$ sudo apt install unzip
```

opencv は最新の画像解析ライブラリです．

```
$ unzip opencv.zip
$ unzip opencv_contrib.zip
$ cd opencv-3.0.0/
$ mkdir build
$ cd build
$ cmake -D OPENCV_EXTRA_MODULES_PATH=~/opencv_contrib-3.0.
0/modules -D BUILD_EXAMPLES=ON ..
$ make
$ sudo make install
$ sudo apt install ipython
```

次に，apache2Web サーバをインストールします．

```
$ sudo apt install apache2
$ sudo apt install php5 libapache2-mod-php5 php5-cgi expect
```

次のコマンドでサービスを開始します．

```
$ sudo service apache2 restart
$ cd /var/www/html
```

数独プログラム (sudoku_neo.tar) をダウンロードします．

```
$ wget $take/sudoku_neo.tar
$ tar xvf sudoku_neo.tar
```

```
$ cd sudoku
```

sudoku サーバをテストしてみます．

```
$ python sudoku.py sudoku.jpg
```

画面に答えが表示されると，成功に近づきました．

あらかじめ，neo の IP アドレスを登録しておきます．読者の環境に合わせて，IP を変更してください．

```
$ cat /etc/hosts
192.168.1.227 neo
```

次に，ブラウザを起動し，http://neo/sudoku/sudoku.html を入力します（図 5.11）．

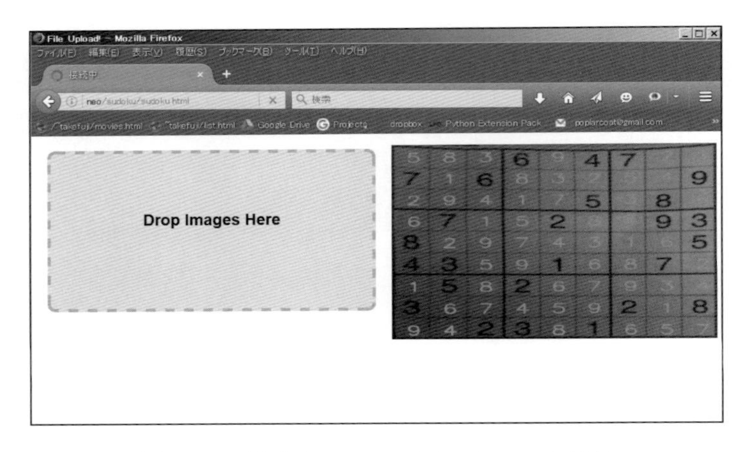

図 5.11 数独サーバへアクセスしている風景

Cygwin の.bashrc ファイルにあらかじめ，次のように desk を定義しておきます．

```
alias desk='cd /cygdrive/c/Documents*/takefuji/Desktop'
```

Cygwin を立ち上げて，次のコマンドで，Desktop へ移動できます．

```
$ desk
$ wget $take/problem.jpg
```

ダウンロードした problem.jpg をブラウザの［Drop Images Here］にドラッグ・アンド・ドロップします（図 5.12）.

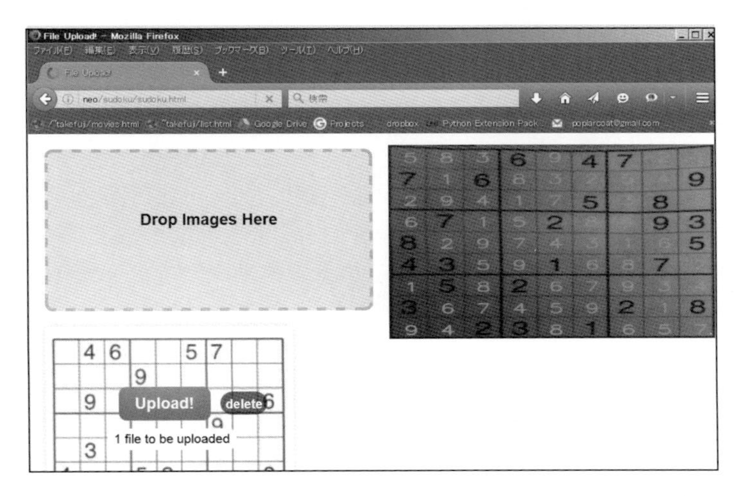

図 5.12　数独サーバへ，問題ファイルをアップロードしている様子

5 秒間隔で，ブラウザの画面をリロードしているので，Upload!ボタンを素早くクリックすると，数秒後に答えが表示されます（図 5.13）.

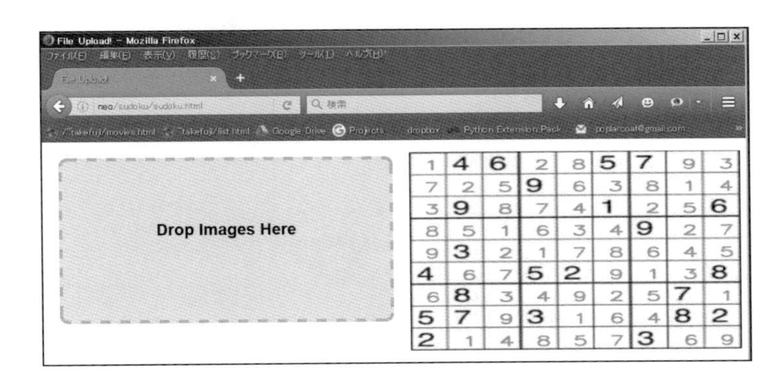

図 5.13　数独サーバが解答を表示している様子

sudoku2.jpg，problem2.jpg，problem3.jpg のテストファイルは，$take からダウンロードできます.

5.6 赤外線サーモカメラの活用

最近，赤外線サーモカメラの低価格化が始まりました．サーモカメラの一番単純なセンサーは，非接触温度センサーで，Melexis 社（ベルギー）が市場をほぼ独占しています．ここでは，MLX90614 センサーを使った IoT と，FLIR 社の 80×60 pixels のサーモカメラモジュール (Lepton) を紹介します．

MLX90614 センサー

ここでは，MLX90614xCC（35 度）の IoT を紹介します（図 5.14〜16）．

パソコンの BashOnUbuntu を立ち上げて，以下のコマンドを実行します．

```
$ wget $take/mlx90164.tar
$ tar xvf mlx90614.tar
$ cd mlx90614
$ make
```

Arduino のライタを使って，mlx90614.hex ファイルをフラッシュし，動作させてみましょう（図 5.17）．まず，以下のコマンドでポート番号を調べます．

```
$ python port.py
..
USB Serial Port (COM3)
```

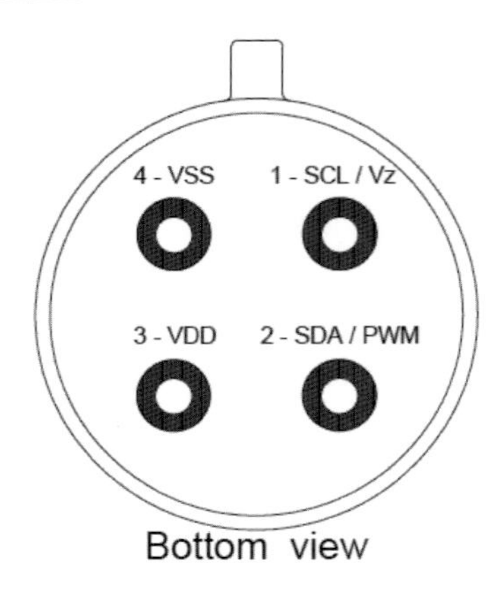

図 5.14 MLX90614 の部品を下から見た図

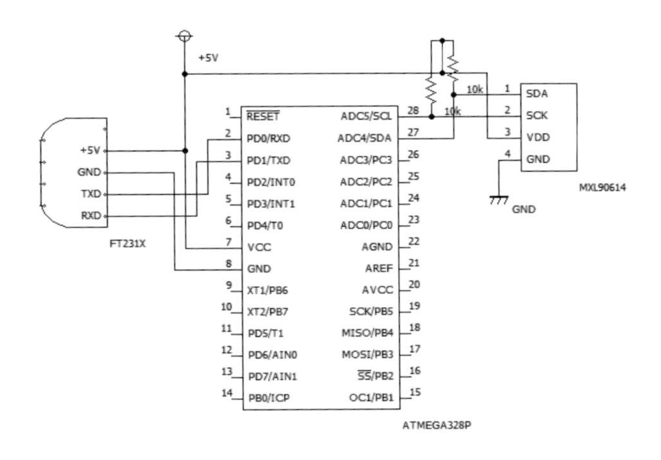

図 **5.15** MXL90614 の回路図

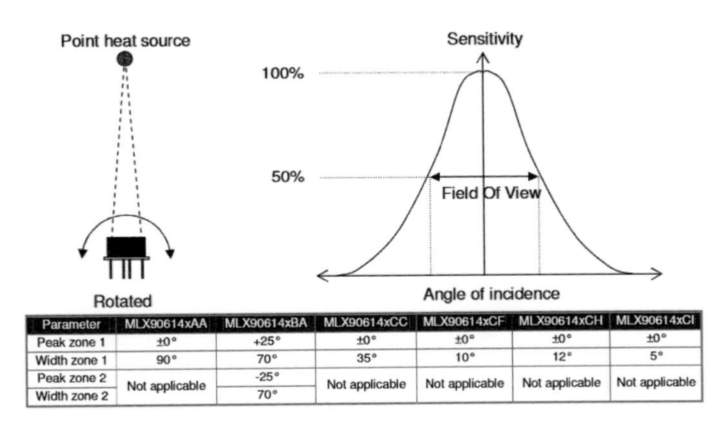

Parameter	MLX90614xAA	MLX90614xBA	MLX90614xCC	MLX90614xCF	MLX90614xCH	MLX90614xCI
Peak zone 1	±0°	+25°	±0°	±0°	±0°	±0°
Width zone 1	90°	70°	35°	10°	12°	5°
Peak zone 2	Not applicable	-25°	Not applicable	Not applicable	Not applicable	Not applicable
Width zone 2		70°				

図 **5.16** MLX90614 センサーの角度

```
..
```

COM3 なので 1 を引いて，ttyS2 になります．

```
$ picocom /dev/ttyS2
Object: 21.11*C
Ambient: 27.85*C
```

手を近づけると，センサーが反応します．

```
Object: 32.91*C
```

```
Ambient: 27.73*C
```

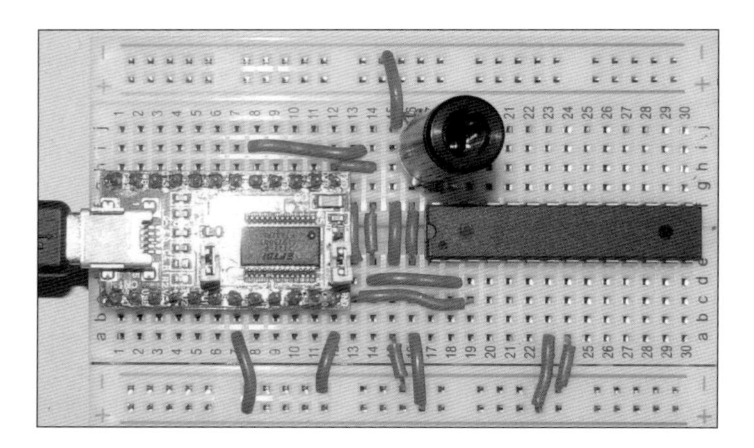

図 **5.17** 実装した MXL90614

Lepton 80x60 サーモカメラモジュール

次に，Lepton 80×60 サーモカメラモジュールを紹介します．このサーモカメラは大変複雑なカメラで，SPI と i2c の両方を使います．サーモカメラ用の基板も一緒に販売しています．合計 2 万 5000 円ぐらいです．Lepton Flir の基板と NanoPi NEO の接続を図 5.18 に示します．

2	4	6	8	10	12	14	16	18	20	22	24
		GND									CS
1	3	5	7	9	11	13	15	17	19	21	23
3.3V	SDA	SCL							MOSI	MISO	CLK

図 **5.18** Lepton Flir と NanoPi NEO の接続

Cygwin を立ち上げて，NanoPi NEO にリモートログインします．

```
$ ssh fa@neo
```

ここからは，NanoPi NEO でのコマンドの実行です．

```
$ wget $take/neo_capture.c
$ gcc neo_capture.c -o capture
```

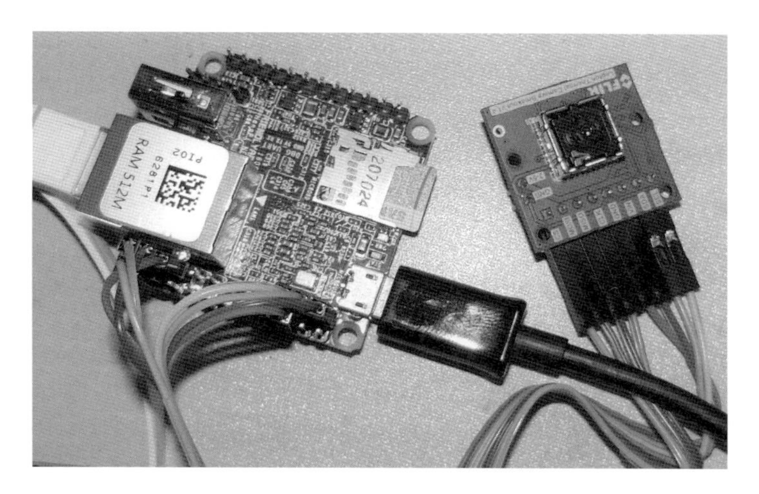

図 **5.19** Lepton Flir と NanoPi NEO の接続

capture プログラムは，80x60 の img.pgm を生成します．

```
$ sudo ./capture
```

img.pgm ファイルが生成されているか ls コマンドで確認します．

```
$ ls img.pgm
img.pgm
```

img.pgm ファイルを次の scp コマンドでファイル転送します．
Cygwin ターミナルで，scp コマンドを実行します．

```
$ scp fa@neo:~/img.pgm .
```

実際にキャプチャーした画像を，図 5.20 に示します．

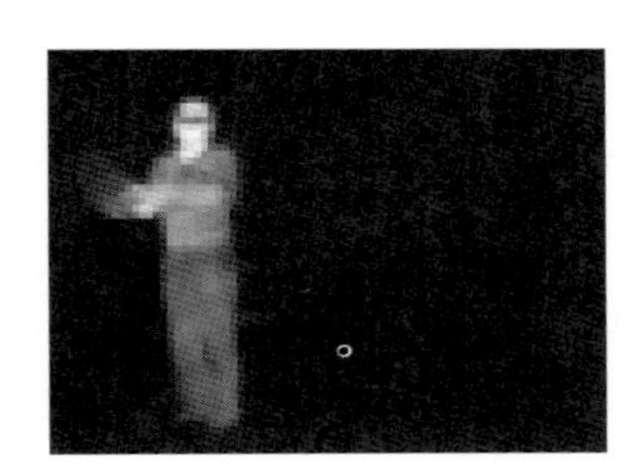

図 **5.20** Lepton カメラで取った画像．

体験のまとめ

第5章では，Raspberry Pi に代わる安価な IoT システム「NanoPi NEO」を体験しました．NanoPi NEO を使った人工知能（機械学習）を紹介したほか，Sigfox (low power wide area network) を使って NanoPi NEO を単純な uplink 専用の IoT デバイスに仕立てました．Sigfox からのクラウドシステムへのアクセス方法も体験しました．さらに，NanoPi NEO に LTE を接続することで双方向の IoT デバイスにする方法や，数独自動回答サーバの構築，赤外線サーモカメラの構築なども体験しました．
付録では，2D スライドモーターと安価な Arduino Nano の利用方法を解説します。これらもぜひ，体験してみましょう．

付録 A

2D スライドモーター

2D レーザー彫刻マシンで使われる 2D スライドモーターの製作例を紹介します．図 A.1 に示すように，スライドモーターの主な部品はステップモーターです．ステップモーターが回転することで，スライドが右や左に移動します．

図 A.1　スライドモーター（ステップモーター）

図 A.1 に示すように，ステップモーターには 4 本のピン（青，黄，黒，赤）があります．4 本の信号線を制御することで，ステップモーターをドライブします．図 A.2 に示すように，1〜4 の四つの STEP 信号を与えることで，回転方向を制御します．STEP が 1, 2, 3, 4 であれば反時計回り，STEP が 4, 3, 2, 1 であれば時計回りの回転になります．

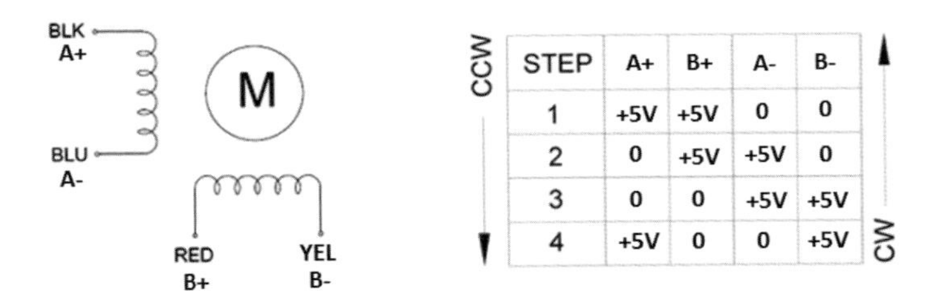

STEP	A+	B+	A-	B-
1	+5V	+5V	0	0
2	0	+5V	+5V	0
3	0	0	+5V	+5V
4	+5V	0	0	+5V

図 A.2　ステップモーターの回転制御（CW:時計回り，CCW:反時計回り）

Atmega328P から直接制御するのに電流が足りない場合は，ドライバ IC（ここでは L293 を 2 個）を使います．

2D スライドモーターの回路を図 A.3 に，回路図を図 A.4 に，それぞれ示します．ドライバ L293 の EN 信号が 1 (+5 V) であれば，Atmega328P からの信号がステップモーターに現れます．EN 信号が (0 V) であれば，Atmega328P からの信号はステップモーターへ伝播しません．

2D スライドモーターの制御プログラム (stepper.ino) を次に示します．ステップモーター X の接続は，Atmega328P のデジタルピン (5,6,7,8) になります．ステップモーター Y の接続は，Atmega328P のデジタルピン (9,10,11,12) になります．

```
Stepper xStepper(stepsPerRevolution, 5,6,7,8);
Stepper yStepper(stepsPerRevolution, 9,10,11,12);
```

ここでは，ステップモーターの 1 回転は，200 ステップとして設定しています．

```
const int stepsPerRevolution = 200;
```

シリアル通信で，データ x（ステップモーター X）とデータ y を送信します．
送信フォーマットは，xXXX, yYYY になります．XXX，YYY は整数です．

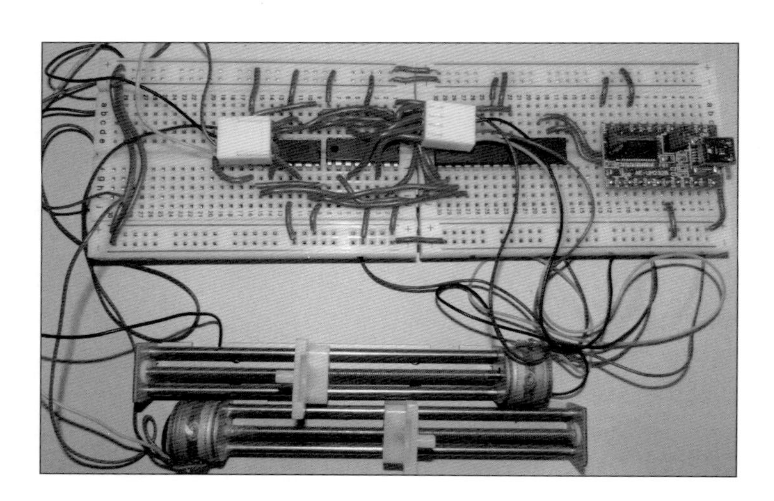

図 A.3 完成した 2D スライドモーター

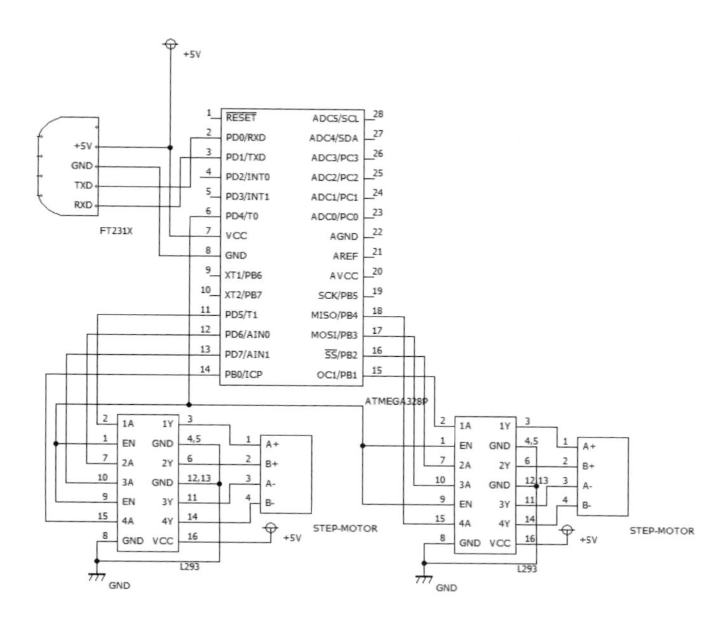

図 **A.4**　2D スライドモーターの回路図

stepper.ino

```
#include <Stepper.h>
#include <WString.h>

const int stepsPerRevolution = 200;
String data;
// initialize the stepper library on pins 8 through 11:
Stepper xStepper(stepsPerRevolution, 5,6,7,8);
Stepper yStepper(stepsPerRevolution, 9,10,11,12);

void setup() {
  // set the speed at 60 rpm:
  xStepper.setSpeed(60);
  yStepper.setSpeed(60);
  // initialize the serial port:
  Serial.begin(9600);
  data="";
pinMode(4,OUTPUT);
digitalWrite(4,0);
```

```
}

void loop() {
char c;
while(Serial.available()>0){
c=Serial.read();
if(c!='\n'){data +=c;}
else{
if(data[0]=='x'){
data[0]=' ';
int i =data.toInt();
digitalWrite(4,1);
  xStepper.step(i);
digitalWrite(4,0);
  data=""; }
else{
data[0]=' ';
int i =data.toInt();
digitalWrite(4,1);
  yStepper.step(i);
digitalWrite(4,0);
  data=""; }
    }
                        }
}
```

ファームウェア (stepper2D.hex) は，次のように生成します．

Bash を起動して，次のコマンドを実行します．

```
$ wget $take/stepper2D.tar
$ tar xvf stepper2D.tar
$ cd stepper2D
$ make
```

stepper2D.hex を Atmega328P にフラッシュします．

パソコンの Cygwin ターミナルを起動します．

```
$ wget $take/stepXY.py
```

次のコマンドで, 2D スライドモーターを制御してみます． `$ python -i stepXY.py`

を実行すると，制御画面（図 A.5）が現れるので，スライドを動かしてみてください．上が X 軸，下が Y 軸のスライドモーターになります．

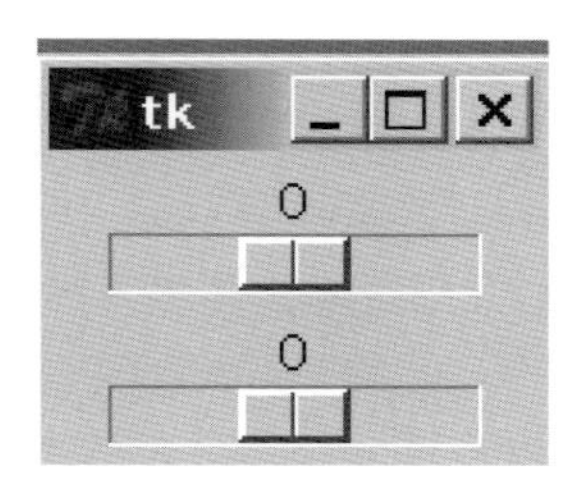

図 **A.5**　制御画面（上が X 軸，下が Y 軸）

stepXY.py

```
import Tkinter as tk
import serial
import serial.tools.list_ports,re,os
ports = list(serial.tools.list_ports.comports())
for p in ports:
 m=re.match("USB",p[1])
 if m:
  num=p[1].split('(')[1].split(')')[0]
  print num
s=serial.Serial(num,9600)

class App:
    def __init__(self):
        self.root = tk.Tk()
        self.sliderx = tk.Scale(self.root, from_=-180, to=180,
                               orient="horizontal")
        self.sliderx.bind("<ButtonRelease-1>", self.updateValue)
        self.slidery = tk.Scale(self.root, from_=-180, to=180,
                               orient="horizontal")
        self.slidery.bind("<ButtonRelease-1>", self.updateValue)
        self.sliderx.pack()
        self.slidery.pack()
        self.root.mainloop()
```

```
    def updateValue(self, event):
        global buffer
        c=self.sliderx.get()
        d=self.slidery.get()
        if(s.isOpen()):
                s.write('x'+str(c)+'\r\n')
                s.flush()
                self.sliderx.set(0)
                s.write('y'+str(d)+'\r\n')
                s.flush()
                self.slidery.set(0)
app=App()
os._exit(0)
```

付録B

Arduino Nanoで遊んでみよう

まずは，HiLetgo Mini USB Nanoを購入します[1]（図B.1）．Arduino NanoはFT232RLとコンパチのUSBシリアル変換が組み込まれているので，Arduino開発環境をそのまま利用できます．いちいちAtmega328専用のライタを使うことなく，プログラムの更新が可能です．また，TXD，RXDのシリアル通信は，USB経由でも，Arduino Nanoのピンからでも信号を取り出せます（図B.2）．

[1] Amazon.co.jpで，319円で売っていました（執筆時）．

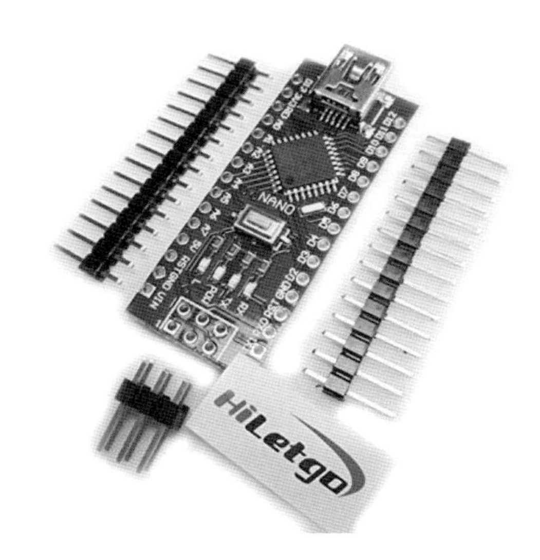

図 **B.1**　HiLetgo Mini USB Nano

以下からArduino開発ソフトウェアをダウンロードします．

https://www.arduino.cc/en/Main/Software

Windows10であれば，下記サイトになります．

https://www.arduino.cc/download_handler.php?f=/arduino-1.6.13-windows.exe

/cygdrive/c/Users/xxx/Documents/Arduino に移動して，次のコマンド

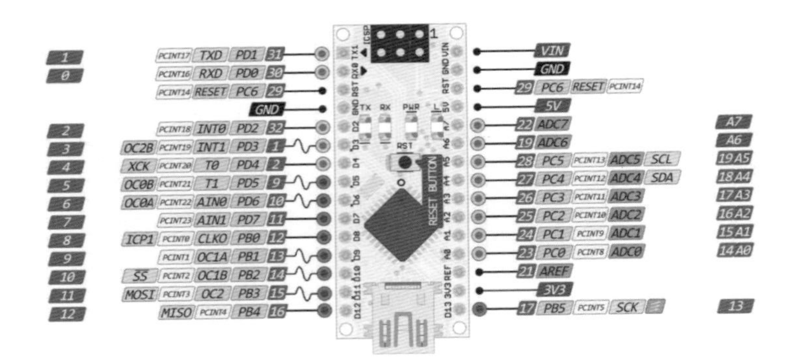

図 **B.2**　Arduino Nano ピン配置

を実行します.

```
$ cd /cygdrive/c/Users/xxx/Documents/Arduino
```

※ xxx はパソコンのユーザー名

```
$ wget $take/led0.tar
```

```
$ tar xvf led0.tar
```

デスクトップに Arduino のアイコンができているので，ダブルクリックします．［File］メニュー → ［Open］ → led0.ino ファイルを選択します（図 B.3）.

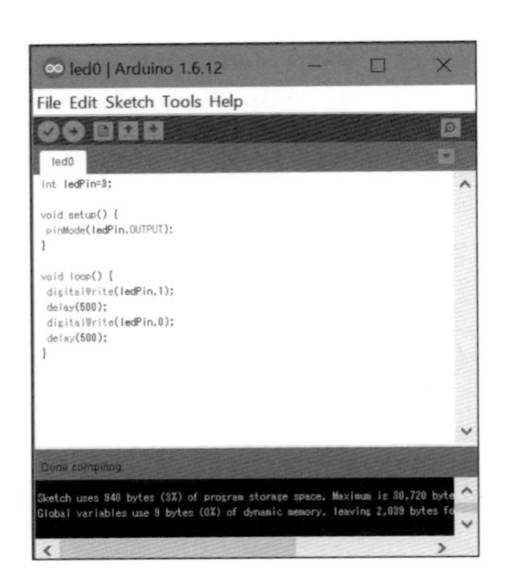

図 **B.3**　Arduino で led0.ino を開いたところ

ポート番号は，パソコンによって異なるので，次のコマンドを実行してください．

```
$ python port.py
Bluetooth リンク経由の標準シリアル (COM18)
Bluetooth リンク経由の標準シリアル (COM19)
Intel(R) Active Management Technology - SOL (COM3)
USB-SERIAL CH340 (COM4)
```

［Tools］メニューから，以下のように設定します（図 B.4）．
Board: “Arduino Nano”
Processor: “ATmega328”
Port: “COM4”
Programmer: “Arduino as ISP”

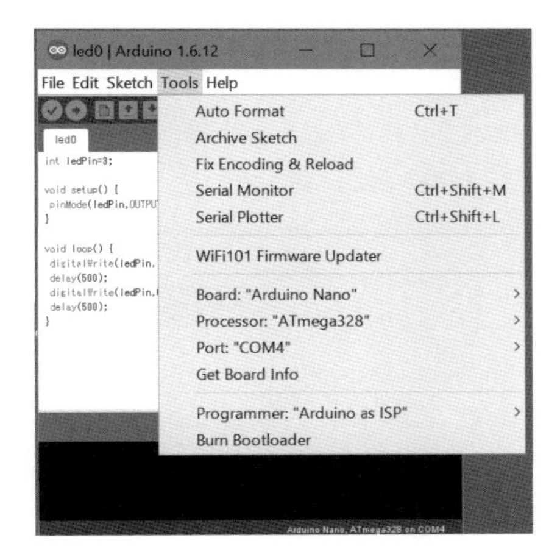

図 **B.4**　Arduino の設定画面

プログラムをコンパイルするには，［Sketch］メニュー →［Verifi/Compile］を実行します（図 B.5）．［Sketch］メニュー →［Upload］を実行すると hex ファイルを ATmega328 にフラッシュできます．エラーが出る場合は，Nano とパソコンの間の USB ケーブルを抜き差ししてください．

［Sketch］メニュー →［Upload Using Programmer］を実行すると，Bootloader もあわせて，フラッシュします．［Sketch］メニュー →［Export compiled Binary］を実行すると，led0 フォルダに hex ファイルを生成します．

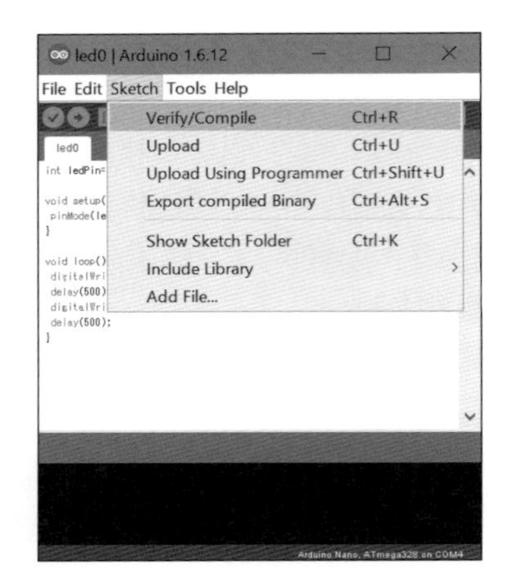

図 **B.5** Compile と Upload

［Tools］メニュー → ［Serial Monitor］を実行して，USB Nano との通信速度を変更できます（図 B.6）．Default は 9600 ですが，ここでは 115200 ボー(Baud) に変更しています．

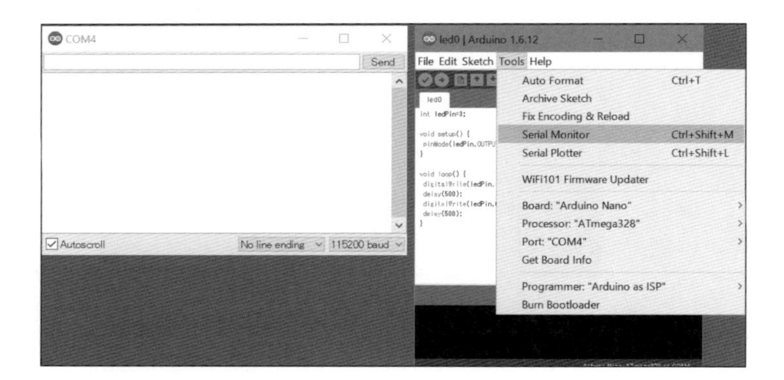

図 **B.6** Monitor 画面を開いたところ

USB-HOST

USB には，HOST と Client（デバイス）があります．たとえば，マウスをパソコンに挿す場合は，パソコンは USB-HOST，マウスは Client（デバイス）になります．Raspberry Pi や NanoPi などの安い USB-HOST がありますが，さらに安価に構築するには，Arduino を導入する必要があります．Arduino デバイスに USB-HOST 機能を加えるために，図 B.7 に示す USB-HOST を使います．

通常の USB デバイスは+5 V が多いので，mini USB-HOST の基板を加工します．図 B.7 および，その拡大写真である図 B.8 に示す基板上の線の位置（図 B.8 中の矢印の先の部分）をカットします．また，カットした側のスルーホールに+5 V 用の赤線を基板にハンダ付けします．

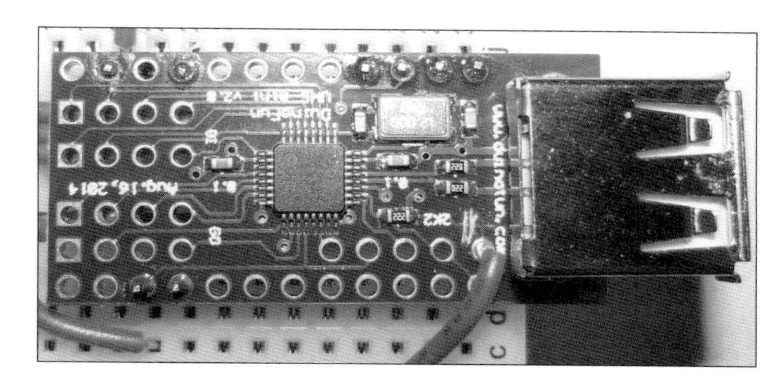

図 **B.7**　mini USB-HOST

図 **B.8**　矢印の位置をカットしてハンダ付け（赤線：+5 V）

Arduino Nano と mini USB-HOST の回路図を図 B.9 に示します．ブレッドボードに実装した Arduino Nano と mini USB-HOST を図 B.10 に示します．mini USB-HOST と Arduino Nano の間は SPI インターフェース接続します．mini USB-HOST は+3.3 V 電源なので，+5 V を接続しないでください．加工した+5 V の線は USB バスのみに電源を供給するためであり，mini USB-HOST には+3.3 V 電源を供給します．

Cygwin ターミナルを起動して，次のコマンドを実行します．

```
$ cd /cygdrive/c/Users/xxx/Documents/Arduino
```

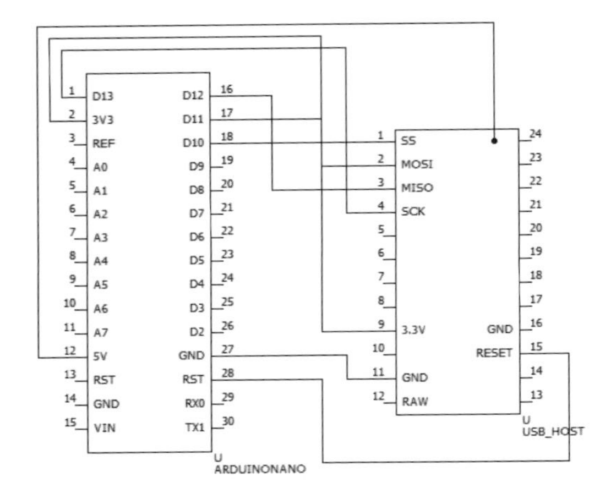

図 **B.9**　Arduino Nano と mini USB-HOST との接続

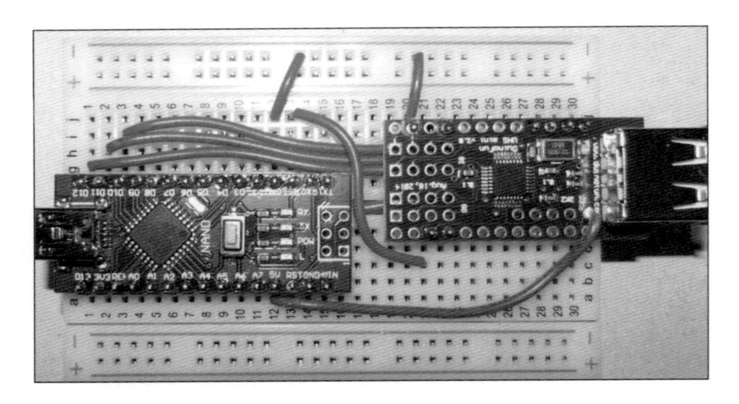

図 **B.10**　ブレッドボードに実装した Arduino Nano と mini USB-HOST

mini USB-HOST がマウスのスクロールボタンを認識できるソフトウェアをダウンロードします.

```
$ wget $take/mouse1.tar
$ tar xvf mouse1.tar
```

Arduino を立ち上げて,［File］メニュー →［Open］から mouse.ino ファイルを選択します.

［Tools］メニュー →［Serial Monitor］を起動し，スクロールボタンを動かすと，スクロールボタンの方向で 1 と-1 が表示されます（図 B.11）.

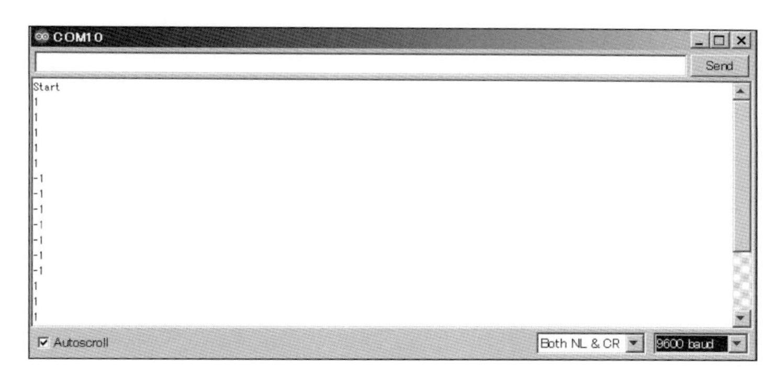

図 B.11　スクロールボタンの上下

プログラムは 9600 ボーでデータ通信していますが，通信速度を上げたい場合は，mouse.ino の 9600 を 115200 に変更し，Serial Monitor も 115200 に変更します.

索　引

著者紹介

武藤佳恭（たけふじ よしやす）

慶應義塾大学工学部電気工学科卒業（1978），同大学院修士課程修了（1980），同大学院博士課程修了（1983）．工学博士（1983）．南フロリダ大学コンピュータ学科助教授（1983-1985），南カロライナ大学コンピュータ工学科助教授（1985-1988），ケースウエスターンリザーブ大学電気工学科准教授（1988-1996），tenured 受賞（1992）．慶應義塾大学環境情報学部助教授（1992-1997），同教授（1997- 現在）．

研究：ニューラルコンピューティング，セキュリティ，インターネットガジェット．NSF－RIA 賞（1989），IEEE Trans. on NN 功労賞（1992），IPSJ 論文（1980），TEPCO 賞（1993），KAST 賞（1993），高柳賞（1995），KDD 賞（1997），NTT tele-education courseware 賞（1999），US AFOSR 受賞（2003），第 1 回 JICA 理事長賞，義塾賞（2015），Jyvaskyla 大学メダル授与．

著書：『武藤博士の発明の極意』（近代科学社）など 30 冊以上の書籍と 300 編以上の科学論文．

体験する!! オープンソースハードウェア
NanoPi NEO, Arduino 他で楽しむ IoT 設計

Printed in Japan

2017 年 5 月 31 日　初版第 1 刷発行

著　者　武　藤　佳　恭

発行者　小　山　　透

発行所　株式会社 近代科学社

〒 162-0843　東京都新宿区市谷田町 2-7-15
電話 03-3260-6161　　振替　00160-5-7625
http://www.kindaikagaku.co.jp

加藤文明社　　ISBN978-4-7649-0540-5
定価はカバーに表示してあります．

人工知能とは

深層学習
人工知能学会 監修

一人称研究のすすめ
知能研究の新しい潮流

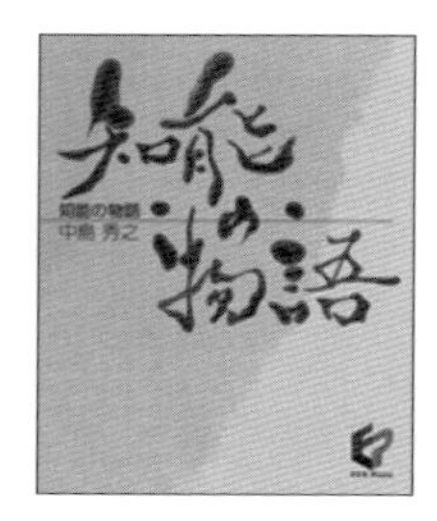
知能の物語
中島 秀之